智能系统与技术丛书

深度学习与目标检测

工具、原理与算法

涂铭 金智勇 著

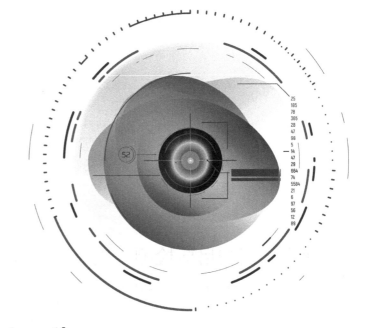

Deep
Learning
and
Object Detection

Tools, Principles and Algorithms

机械工业出版社
CHINA MACHINE PRESS

图书在版编目（CIP）数据

深度学习与目标检测：工具、原理与算法 / 涂铭，金智勇著 . -- 北京：机械工业出版社，
2021.9（2025.2 重印）
（智能系统与技术丛书）
ISBN 978-7-111-69034-4

I. ① 深… II. ① 涂… ② 金… III. ① 机器学习 IV. ① TP181

中国版本图书馆 CIP 数据核字（2021）第 177511 号

深度学习与目标检测：工具、原理与算法

出版发行：机械工业出版社（北京市西城区百万庄大街 22 号 邮政编码：100037）

责任编辑：韩 蕊　　　　　　　　　　　　责任校对：马荣敏

印　　刷：北京建宏印刷有限公司　　　　　版　　次：2025 年 2 月第 1 版第 4 次印刷

开　　本：186mm×240mm 1/16　　　　　　印　　张：14.75

书　　号：ISBN 978-7-111-69034-4　　　　定　　价：89.00 元

客服电话：（010）88361066 88379833 68326294

PREFACE

前　　言

为什么要写这本书

随着深度学习技术的发展、计算能力的提升和视觉数据的增加，计算机视觉技术在图像搜索、智能相册、人脸闸机、城市智能交通管理、智慧医疗等诸多领域都取得了令人瞩目的成绩。越来越多的人开始关注这个领域。计算机视觉包含多个分支，其中图像分类、目标检测、图像分割、目标跟踪等是计算机视觉领域最重要的几个研究课题。本书介绍的目标检测技术，本质上就是通过计算机运行特定的算法，检测图像中一些受关注的目标。当今时代，我们很容易在互联网上找到目标检测算法的开源代码，运行代码并不是什么难事，但理解其中的原理却有一定的难度。我们编写本书的目的就是由浅入深地向读者讲解目标检测技术，用相对通俗的语言来介绍算法的背景和原理，在读者"似懂非懂"时给出实战案例。实战案例的代码已全部通过线下验证，代码并不复杂，可以很好地帮助读者理解算法细节，希望读者在学习理论之后可以亲自动手实践。目标检测的理论和实践是相辅相成的，希望本书可以带领读者走进目标检测的世界。

本书具有以下两个特点。

1）本书默认读者具备大学本科水平的数学基础。因为图像分类是目标检测的基础，所以本书前几章讲解了图像分类算法，为后续读者理解目标检测算法打下基础。本书尽量绕开复杂的数学证明和推导，从问题的前因后果、思考过程和简单数学计算的角度做模型分析和讲解，目的是以更通俗易懂的方式带领读者入门。

2）本书附有实战案例，读者可以结合案例，通过实践验证思路。本书内容是按照知识点背景—原理剖析—实战案例的顺序展开的，代码可直接从百度网盘下载[⊖]，方便读者快速掌握知识点，快速上手。这些代码也可以应用到读者自己的项目中，以提升开发效率。本书还介绍了目前比较流行的开源算法库 mmdetection，旨在帮助读者降低实际项目的开发难度。

本书第 1、8、9、10 章，以及 6.1 ~ 6.4 节，由金智勇撰写，其余各章节由涂铭撰写。

读者对象

本书适合以下几类读者阅读：

1）统计学、计算机科学技术等相关专业的学生：本书的写作初衷是面向相关专业的学生——拥有大量理论知识却缺乏实战经验的人员，让其在有理论积累的基础上深入了解目标检测。读者可以跟随本书的教程进行操作练习，从而对自己使用的人工智能工具、算法和技术"知其然亦知其所以然"。

2）信息科学和计算机科学爱好者：通过本书可以了解人工智能领域的前辈们在探索的道路上做出的努力和思考。理解他们的观点和思路，有助于读者开拓自己的思维和视野。

3）人工智能相关专业的研究人员：本书详细介绍了目标检测的相关知识，阅读本书可以了解理论知识，了解哪些才是项目所需内容以及如何在项目中实现。

如何阅读本书

本书从以下几个方面介绍目标检测的相关技术。

第 1 章简述了目标检测的定义及应用场景，并介绍了 20 年来目标检测技术的发展历程。

第 2 章主要对目标检测的前置技术做简单的介绍，同时介绍了本书后续章节实战案例中会用到的环境。

第 3 ~ 5 章介绍图像分类技术的基础知识，包括数据预处理、卷积神经网络等。

⊖ 代码下载链接：https://pan.baidu.com/s/1sJlTvYWncw4OuFlKrx_h1g，提取码：neen。
　猫狗数据集下载链接：https://pan.baidu.com/s/1u9crIECV58_kmlJ8CJu2XA，提取码：t3wi。

该部分的代码主要使用 PyTorch 实现。没有图像分类基础的读者需要理解这几章的内容之后再学习后续章节，有卷积神经网络基础的读者可以有选择地学习。

第 6 章比较详细地介绍了香港中文大学的开源算法库 mmdetection。

第 7 章主要介绍了目标检测的基本概念，在进入代码实战之前，我们必须先理解基本原理。

第 8 ～ 10 章是本书的核心内容，详细讲解了目标检测技术的一阶段算法、两阶段算法以及提升算法性能的常用方法。

第 11 章简单介绍了目标检测的相关案例（以工业为背景），以帮助读者构建更完整的知识体系。

本书第 2 ～ 11 章都有对应的源数据和完整代码。需要注意的是，为了让读者更好地了解代码的含义，在注释信息中使用了部分中文说明，每个程序文件的编码格式都是 UTF-8。

勘误和支持

由于笔者水平及撰稿时间有限，书中难免会出现一些错误或者不准确的地方，恳请读者批评指正。读者可以发送电子邮件到 jinzhiyong123@163.com 反馈建议或意见。

致谢

在受邀撰写本书时，从未想到过程会如此艰辛。这里需要感谢一路陪我走来的所有人。

感谢家人在我写作本书时给予了理解和支持。

感谢我的合著者——金智勇，与他合作十分愉快，他给予了我很多的理解和包容。

感谢参与审阅、编辑等工作的杨福川老师和韩蕊老师，是他们在幕后的辛勤付出保证了本书的顺利出版。

在写作期间，我也得到了很多专业领域专家的指导。例如，我在撰写第 11 章的时候，得到了腾讯云工业 AI 首席架构师周永良博士的大力帮助，感谢他提供的丰富的行业经验和独到理解。

再次感谢大家！

涂铭

2021 年 9 月

CONTENTS

目　　录

X

第 **1** 章

目标检测概述

计算机视觉（Computer Vision，CV）是一门教计算机如何"看"世界的学科。计算机视觉包含多个分支，其中图像分类、目标检测、图像分割、目标跟踪等是计算机视觉领域最重要的研究课题。本书将着重介绍目标检测的相关知识，并提供一些实例，以帮助读者对目标检测建立一个整体的认识。

1.1 什么是目标检测

本书讨论的目标检测是指通过编写特定的算法代码，让计算机从一张图像中找出若干特定目标的方法。目标检测包含两层含义：①判定图像上有哪些目标物体，解决目标物体存在性的问题；②判定图像中目标物体的具体位置，解决目标物体在哪里的问题。目标检测和图像分类最大的区别在于目标检测需要做更细粒度的判定，不仅要判定是否包含目标物体，还要给出各个目标物体的具体位置。如图 1-1 所示，目标检测算法关注的是"人体"这一特定目标物体，图像中不但检测出了两个小朋友（人体），还准确地框出了两个小朋友在图像中的位置。

图 1-1　人体检测示例

1.2　典型的应用场景

目标检测是计算机视觉最基本的问题之一，具有极为广泛的应用，下面简单介绍几个典型的应用场景。

1.2.1　人脸识别

人脸识别是基于人的面部特征进行身份识别的一种生物识别技术，通过采集含有人脸的图像或视频流，自动检测和跟踪人脸，进而对检测到的人脸进行识别，通常也叫作人像识别、面部识别。

人脸识别系统主要包括 4 个部分，分别为人脸图像采集 / 检测、人脸图像预处理、人脸图像特征提取以及身份匹配与识别。其中人脸图像采集 / 检测是进行后续识别的基础。如图 1-2 所示，通过检测框把后续识别算法的处理区域从整个图像限制到人脸区域。近年来，人脸识别技术已经取得了长足的发展，目前广泛应用于公安、交通、支付等多个实际场景。

图 1-2　人脸检测示例

1.2.2　智慧交通

智慧交通是目标检测的一个重要应用领域，主要包括如下场景。

1）交通流量监控与红绿灯配时控制：通过视觉算法，对道路卡口相机和电警相机中采集的视频图像进行分析，根据相应路段的车流量，调整红绿灯配时策略，提升交通通行能力。

2）异常事件检测：通过视觉算法，检测各种交通异常事件，包括非机动车驶入机动车道、车辆占用应急车道以及监控危险品运输车辆驾驶员的驾驶行为、交通事故实时报警等，第一时间将异常事件上报给交管部门。

3）交通违法事件检测和追踪：通过视觉算法，发现套牌车辆、收费站逃费现象，跟踪肇事车辆，对可疑车辆 / 行人进行全程轨迹追踪，通过视觉技术手段，极大地提升公安 / 交管部门的监管能力。

4）自动驾驶：自动驾驶是当今热门的研究领域，是一个多种前沿技术高度交叉的研究方向，其中视觉相关算法主要包含对道路、车辆以及行人的检测，对交通标志物以及路旁物体的检测识别等。主流的人工智能公司都投入了大量的资源进行自动驾驶方面的研发，目前已经初步实现了受限路况条件下的自动驾驶，但距离实现不受路况、天气等因素影响的自动驾驶（L4 级别），尚有相当大的一段距离。

从根本上看，交通场景中各种具体应用的底层实现，都是以目标检测技术为基础的，即对道路、车辆以及行人进行检测。

1.2.3　工业检测

工业检测是计算机视觉的另一个重要应用领域，在各个行业均有极为广泛的应用。在产品的生产过程中，由于原料、制造业工艺、环境等因素的影响，产品有可能产生各种各样的问题。其中相当一部分是所谓的外观缺陷，即人眼可识别的缺陷。图 1-3 是电路板内层芯板断路示意图，明显可以看出图中铜导线有一个断开的部分。在传统生产流程中，外观缺陷大多采用人工检测的方式进行识别，不仅消耗人力成本，也无法保障检测效果。工业检测就是利用计算机视觉技术中的目标检测算法，把

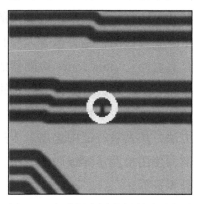

图 1-3　电路板内层芯板断路示意图

产品在生产过程中出现的裂纹、形变、部件丢失等外观缺陷检测出来，达到提升产品质量稳定性、提高生产效率的目的。

1.3　目标检测技术发展简史

本节简单回顾目标检测的发展历史，帮助读者对目标检测技术的演进有一个整体了解。

在过去的二十几年里，以 2014 年为分界点，目标检测技术大致可分为两个阶段：在 2014 年之前，目标检测问题都基于传统算法；在 2014 年之后，目标检测问题主要基于深度学习算法。

1.3.1　传统算法

在传统算法阶段，检测器完全依靠人工设计特征。人们使用了非常多的技巧，目的在于让检测器获取更强的表达能力，同时尽可能地降低对计算资源的消耗。其中，有几种检测器的出现对目标检测技术的发展产生了重要影响。

1. Viola Jones 检测器

Viola Jones 检测器是 P. Viola 和 M. Jones 针对人脸检测场景提出的。在同等的算法精度下，Viola Jones 检测器比同时期的其他算法有几十到上百倍的速度提升。Viola Jones 检测器采用最直接的滑动窗口方法，检测框遍历图像上所有的尺度和位置，查看检测框是否包含人脸目标。这种滑动窗口看似简单，却需要耗费非常多的计算时间。Viola Jones 检测器的优势在于使用了积分图像、特征筛选、级联检测的策略，使得算法速度有了巨大的提升。该检测器使用 Haar 特征，通过积分图像的技巧，大幅减少了特征的重复计算。在特征选择上，Viola Jones 检测器基于 Adaboost 方法，从大量特征中选出若干适合检测任务的特征。在检测过程中，Viola Jones 检测器使用检测步骤级联的方式，更聚焦于目标的确认，避免在背景区域耗费过多的计算资源。

2. HOG 检测器

HOG（Histogram of Oriented Gradients，梯度方向直方图）特征是一种重要的尺度不变特征，由 N. Dalal 和 B. Triggs 于 2005 年提出，核心思想是用规则的网格将图像划分成大小相同的子块，在每一个子块中计算梯度方向直方图。通过这种方式，可以大大消除尺度变化和光照的影响。在相当长的时间里，HOG 都是处理检测问题的一种重要特征，尤其是在行人检测场景，HOG 有着极为重要的应用。

3. DPM 检测器

DPM（Deformable Part Model，可变形组件模型）是一种基于组件的检测算法，由 P. Felzenszwalb 于 2008 年提出，后来 R. Girshick 对其进行了多项重要改进。DPM 在特征层面对经典的 HOG 特征进行了扩展，也使用了滑动窗口方法，基于 SVM 进行分类，其核心思想是将待检测目标拆分成一系列部件，把检测一个复杂目标的问题转换成检测多个简单部件的问题。例如，将检测汽车转换成分别检测窗子、车体和车轮这 3 个部件。虽然如今检测算法的性能已经远超 DPM，但 DPM 采用的问题拆分思想对后续检测算法的发展起到了深远的影响，现在很多检测问题都基于这一思想设计解决方案。也正因如此，P. Felzenszwalb 和 R. Girshick 在 2010 年获得了 PASCAL VOC 授予的终身成就奖。

1.3.2　深度学习算法

HOG 和 DPM 检测器之后，再也没有出现特别突出的人工目标检测器，尤其是在 2010 年～ 2012 年，目标检测算法性能的提升非常缓慢，基本上处于停滞状态。直到 2012 年，基于卷积神经网络（CNN）的特征在图像分类任务中取得了巨大的进展，CNN 特征重新被业界重视起来。2014 年 R. Girshick 等人将 CNN 特征应用到了目标检测场景中，此后，目标检测算法有了飞速的发展。

从算法处理的流程来划分，基于深度学习的目标检测算法可分为两阶段（Two-Stage）算法和一阶段（One-Stage）算法，两阶段算法需要先进行候选框的筛选，然后判断候选框是否框中了待检测目标，并对目标的位置进行修正；一阶段算法没有筛选候选框的过程，而是直接回归目标框的位置坐标和目标的分类概率。

1. 两阶段算法

两阶段算法包含选择候选框和修正目标分类 / 位置两个阶段，对这两个阶段的不同处理方式，构成了不同的算法方案。

（1）R-CNN 算法

2014 年，R. Girshick 等人提出了 R-CNN 算法。R-CNN 算法的思路非常简单，首先基于 Selective Search 方法从原始图像中筛选出若干候选框，然后将每个候选框中的图像缩放的固定尺度送入卷积网络提取特征，最后通过支持向量机（SVM）方法对特征进行分类，判断候选框中的图像是背景还是我们关注的目标类型。在

VOC2007 数据集上，R-CNN 算法相比之前的检测算法，在性能有了显著的提升（从 33.7% 提升到 58.5%），是检测算法的一个里程碑式的突破。

虽然 R-CNN 在算法性能上取得了巨大的进展，但弊端也非常明显，因为需要分别从 2000 多个候选框中提取特征，所以效率非常低，后续各种算法正是为了解决这一问题而提出的一系列改进方案。

（2）SPP-Net 算法

2014 年，何恺明等人提出了 SPP-Net（Spatial Pyramid Pooling Networks，空间金字塔池化网络）算法。R-CNN 算法要求输入卷积网络用来提取特征的子图像尺寸固定，比如 Alex-Net 就要求输入的图像大小为固定的 224 像素 ×224 像素，而 SPP-Net 算法则去掉了这一限制。SPP-Net 算法基于一个空间金字塔池化层（SPP layer），无论输入的子图像大小如何，都会将子图像采样成固定大小的图像。在使用 SPP-Net 进行检测的过程中，对原始图像只需要进行一次卷积网络计算，在得到整幅图像的特征图之后，通过空间金字塔池化层将每个候选框区域（ROI）都分别采样成相同尺寸的子图像，将相同尺寸的各个子图像送入后续的网络进行特征提取，提取的特征具有相同的维数，最后送入全连接层进行分类。SPP-Net 不需要进行多次卷积网络计算，与 R-CNN 相比，在算法精度不变的情况下，算法的速度有了 20 倍的大幅提升。

（3）Fast R-CNN 算法

2015 年，R. Girshick 等人提出了 Fast R-CNN 算法，其本质是在 R-CNN 和 SPP-Net 的基础上进行了进一步改进。Fast R-CNN 可以在网络里同时预测目标的分类概率和位置偏移。在 VOC2007 数据集上，Fast R-CNN 将 mAP（mean Average Precision，平均精度均值）从 58.5% 提升至 70.0%，算法速度也比 R-CNN 有了 200 倍的提升。虽然 Fast R-CNN 的性能和速度相比 R-CNN 和 SPP-Net 有了明显的改善，但整体速度仍然受到候选框检测算法的制约，为了解决这个问题，Faster R-CNN 算法诞生了。

（4）Faster R-CNN 算法

2015 年，S. Ren 等人提出了 Faster R-CNN 算法，Faster R-CNN 是第一个端到

端算法，也是第一个接近实时深度学习的目标检测算法。使用 ZF-Net 网络骨架，在 VOC2007 数据集上，mAP 达到了 73.2%，算法速度达到了 17fps。

Faster R-CNN 最主要的贡献是使用卷积网络检测候选框。检测候选框、预测目标的类别、回归目标位置的偏移量，共享底层卷积特征，整个算法流程融合成了一个完整的端到端学习框架。Faster R-CNN 突破了候选框检测的速度瓶颈，是一种十分重要的两阶段算法。

（5）FPN 算法

2017 年，Lin 等人在 Faster R-CNN 的基础上提出了 FPN（Feature Pyramid Networks，特征金字塔策略）算法。在 FPN 之前，绝大多数深度学习检测器都是基于卷积网络最顶层的特征图进行计算的。深层特征包含全局信息，却弱化了细节信息，使用深层特征在小目标检测，尤其是精准定位方面，有着较大的劣势。FPN 采用 top-down 结构以及侧连方法，将深层特征和浅层特征进行融合，使得特征既包含全局信息又包含细节信息。另外，检测计算也基于特征金字塔的多层特征图，具有更强的多尺度适应性。基于 FPN 的 Faster R-CNN 算法在 COCO 数据集上取得了最优的性能。当前，FPN 已经成为构建检测算法的基础策略。

2. 一阶段算法

一阶段算法和两阶段算法最主要的区别，就是没有单独的候选框筛选阶段，而是直接回归目标的位置坐标和分类概率。常用的一阶段算法如下。

（1）YOLO 算法

2015 年，R. Joseph 等人提出了 YOLO（You Look Only Once）算法，这是首个深度学习领域的一阶段算法。从名字就可以看出，YOLO 没有两阶段算法中提取候选框和验证分类两个步骤，图像送入一个神经网络就能完成整个预测过程。YOLO 算法的实现方案是，先把原始图像划分成网格，然后基于网格的每个单元格回归目标的类别概率和位置坐标。作为一阶段算法，YOLO 的一个最大优点就是速度快，在 VOC2007 数据集上，mAP 为 63.4%，检测算法速度可以达到 45fps；YOLO 的加速版本 mAP 为 52.7%，速度甚至可以达到惊人的 155fps。

不过，YOLO 也有不尽如人意的地方，在目标位置的精度上比两阶段算法有所降低，尤其是在对一些小目标的检测方面，效果明显变差。正因为存在这些问题，后续 YOLO 的版本以及其他一阶段算法，都致力于更好地解决上述问题。

（2）SSD 算法

2015 年，W. Liu 等人提出了 SSD（Single Shot MultiBox Detector）算法，这是深度学习领域的第二个一阶段算法。与仅使用最顶层特征图进行预测的方法不同，SSD 最主要的贡献是引入了基于多尺度特征图的检测策略，显著提升了算法的性能，尤其是在小目标检测方面，相比 YOLO 有了明显的改善，在 VOC2007 数据集上，mAP 达到了 76.8%。

（3）Retina-Net 算法

Retina-Net 算法的主要目的是解决正负样本不平衡的问题。常规的一阶段算法在提取训练样本的过程中，背景样本的比例远大于目标样本的比例。正负样本的极度不平衡会导致训练过程中模型较少关注目标样本，这也是一阶段算法的精度低于两阶段算法的主要原因。Retina-Net 算法引入了损失函数，其核心思想是在训练过程中，对传统的交叉熵损失加上权重，使得错分的样本产生的损失在最终损失中占有更大的比例。引入损失函数，使得一阶段算法在保持速度优势的前提下，保证了目标检测的精度。

（4）FCOS 算法

2019 年，沈春华团队提出了 FCOS（Fully Convolutional One-Stage）算法。和 SSD 等一阶段算法不同，FCOS 是一种"anchor free"方法，回归目标位置不需要预先设定 anchor，在待检测目标尺度和形态变化较大的场景中有重要的应用。另外，FCOS 算法在具体实现的过程中也使用了 FPN 策略，对于多尺度的目标有更好的检测效果。

1.4　目标检测领域重要的公开评测集

如何对算法进行比较呢？一个重要的方法就是在相同的公开数据集上进行评测，根据评测得到的性能指标，大致判断算法优劣。评测集在算法领域有至关重要的作用，本节将介绍几个在目标检测领域有较大影响力的公开评测集。

1. PASCAL VOC

PASCAL VOC（Visual Object Classes）挑战赛是计算机视觉领域早期重要的比赛之一，包括图像分类、目标检测、场景分割、事件检测 4 个主题。在目标检测方向，最常用的评测集是 VOC2007 和 VOC2012。评测集包含 20 类日常生活中常见的物品，分别是人、鸟、猫、奶牛、狗、马、羊、飞机、自行车、船、公共汽车、小轿车、摩托车、火车、瓶子、椅子、餐桌、盆栽、沙发、电视。VOC2007 包含 5000 张训练图像和 1.2 万个标注目标；VOC2012 包含 1.1 万张训练图像和 2.7 万个标注目标。不过，随着近几年更大规模评测集的发布，VOC 评测集的重要性正在逐步降低。

2. ILSVRC

ILSVRC（ImageNet Large Scale Visual Recognition Challenge，大规模图像识别挑战赛）从 2010 年开始每年都会举办，其中包含一个目标检测主题。ILSVRC 的目标检测的评测集包含 200 种类别，评测集中图像的数量和目标的数量比 VOC 的评测集高两个数量级。以 ILSVRC-14 评测集为例，其中包含 51.7 万张训练图像和 53.4 万个标注目标。

3. MS-COCO

MS-COCO 是当前最具挑战的目标检测评测集，从 2015 年开始，基于 MS-COCO 的目标检测比赛每年举行一次，一直持续至今。MS-COCO 包含的检测目标类别不及 ILSVRC，但包含更多实例。以 MS-COCO-17 为例，其中包含 80 个类别，16.4 万张训练图像和 89.7 万个标注目标。与 VOC 和 ILSVRC 相比，MS-COCO 最大的进步在于除了标注每个目标实例的包围盒之外，还标注了每个实例的分割信息。除此之外，MS-COCO 包含了很多小目标（占有区域不足整幅图像的 1%）以及众多密集目标。这些特点使得 MS-COCO 的数据分布更接近真实世界，因此成为目前目标检测领域最为重要的评测集之一。

4. Open Images

Open Images 挑战赛始于 2018 年，包含两个主题：①标准的目标检测；②目标之间的关系分析。其中检测任务的评测集包含 600 种目标类别，合计 191 万张训练图像和 1544 万个标注目标。

5. 其他特定场景的目标检测评测集

除了上述通用场景的目标检测评测集，在一些重要领域，如行人检测、人脸检测、文本检测、交通信号灯及交通标志检测等，也都有对应的评测集。表 1-1 ～表 1-4 列出了一些在特定领域比较有影响力的评测集。

表 1-1   行人检测评测集

评测集	发布时间	描述
MIT Ped	2000 年	最早的行人检测评测集，包含 500 张训练图像和 200 张测试图像，资源链接：http://cbcl.mit.edu/software-datasets/PedestrianData.html
INRIA	2005 年	早期最重要的行人检测评测集，资源链接：http://pascal.inrialpes.fr/data/human/
Caltech	2009 年	著名的行人检测评测集，包含 19 万个训练样本和 16 万个测试样本，资源链接：http://www.vision.caltech.edu/Image_Datasets/CaltechPedestrians/
KITTI	2012 年	著名的交通场景分析评测集，包含 10 万个行人数据，资源链接：http://www.cvlibs.net/datasets/kitti/index.php
CityPersons	2017 年	基于 CityScapes 数据集，包含 1.9 万个训练样本和 1.1 万个测试样本。资源链接：https://www.cityscapes-dataset.com/
EuroCity	2018 年	大规模行人检测数据集，数据来自 12 个欧洲国家的 31 个城市，包含 4.7 万张图像，合计 23.8 万个目标实例。

表 1-2   人脸检测评测集

评测集	发布时间	描述
FDDB	2010 年	来自雅虎的数据，包含 2800 张图像、5000 张人脸。涵盖多种姿态以及遮挡或对焦不准的情况。资源链接：http://vis-www.cs.umass.edu/fddb/index.html
AFLW	2011 年	来自 Flickr 的数据，包含 2.2 万张图像、2.6 万张人脸，涵盖人脸关键点标注。资源链接：https://www.tugraz.at/institute/icg/research/team-bischof/lrs/downloads/aflw/
IJB	2015 年	有 5 万张图像，包括检测和识别两个任务。资源链接：https://www.nist.gov/programs-projects/face-challenges
WiderFace	2016 年	较大的人脸检测评测集之一，包含 3.2 万张图像、39.4 万张人脸，样本包含多种姿态以及遮挡情况。资源链接：http://mmlab.ie.cuhk.edu.hk/projects/WIDERFace/
UFDD	2018 年	包含 6000 张图像、1.1 万测试样本，涵盖运动模糊、对焦模糊等场景。资源链接：http://www.ufdd.info/

表 1-3　文本检测评测集

评测集	发布时间	描述
ICDAR	2003 年	早期的文本检测公开评测集。资源链接：http://rrc.cvc.uab.es/
STV	2010 年	来自 Google StreetView 的数据，包含 350 张图像，720 个文本实例。资源链接：http://tc11.cvc.uab.es/datasets/SVT_1
MSRA-TD500	2012 年	包含 500 张室内及室外图像，包含英文和中文文本。资源链接：http://www.iapr-tc11.org/mediawiki/index.php/MSRA Text Detection 500 Database (MSRA-TD500)
IIIT5k	2012 年	包含 1100 张图像、5000 个单词，来自街景和纯数字图像。资源链接：http://cvit.iiit.ac.in/projects/SceneTextUnderstanding/IIIT5K.html
COCOText	2016 年	基于 MS-COCO 的大规模文本检测评测集，包含 6.3 万个图像、17.3 万个带标注的文本。资源链接：https://bgshih.github.io/cocotext/

表 1-4　交通信号灯及交通标志检测评测集

评测集	发布时间	描述
TLR	2009 年	由巴黎一辆运行的车辆拍摄，包含 1.1 万帧视频，涵盖 9200 个交通灯实例。资源链接：http://www.lara.prd.fr/benchmarks/trafficlightsrecognition
LISA	2012 年	最早的交通信号评测集，包含 6600 段视频和 325 张图像，涵盖 47 种美国交通标志的 7800 个实例。资源链接：http://cvrr.ucsd.edu/LISA/lisa-traffic-sign-dataset.html
GTSDB	2013 年	著名的交通信号检测评测集之一，涵盖不同天气条件及时段，包含 900 张图像、1200 种交通标志。资源链接：http://benchmark.ini.rub.de/?section=gtsdb&subsection=news
BelgianTSD	2012 年	涵盖 269 种交通标志，包含 7300 张静态图像、12 万帧视频、1.1 万带 3D 位置标注的交通标志实例。资源链接：https://btsd.ethz.ch/shareddata/
TT100K	2016 年	大规模交通标志检测评测集。涵盖 128 个类别、3 万个实例，合计 10 万张 2048 像素 ×2048 像素的高清图像。每个实例都标注了类别标签、包围盒以及像素级别的掩码。资源链接：http://cg.cs.tsinghua.edu.cn/traffic%2Dsign/
BSTL	2017 年	大规模交通灯检测评测集，包含 5000 张静态图像、8300 帧视频，其中有 2.4 万个交通灯实例。资源链接：https://hci.iwr.uni-heidelberg.de/node/6132

1.5　本章小结

　　本章讲解了目标检测的含义及典型的应用场景，介绍了目标检测技术的发展历史以及重要的评测集。通过阅读本章，读者应该对目标检测有了初步的认识。在后续章节中，我们将逐步介绍目标检测技术涉及的各部分知识。

第 2 章

目标检测前置技术

本章介绍目前主流的深度学习平台以及如何搭建本书推荐的开发环境、如何使用 Python 数学计算库中非常重要的 NumPy 库。在图像处理的大部分场景中，我们都需要将图像转成向量或者矩阵，以便进行后续的处理（比如常见的图像识别或目标检测任务）。NumPy 中提供了非常好的矩阵运算，因此，学习并掌握 NumPy，在后续的目标检测学习中会起到关键的作用。

2.1 深度学习框架

近几年，随着深度学习的爆炸式发展，相关理论和基础架构得到了很大突破，它们奠定了深度学习繁荣发展的基础。这其中涌现了几个著名的深度学习平台，本节将对这些平台进行简要介绍。

2.1.1 Theano

Theano 由 LISA 集团（现 MILA）在加拿大魁北克的蒙特尔大学开发，是在 BSD 许可证下发布的开源项目，它是用一位希腊数学家的名字命名的。

Theano 是一个 Python 库，可用于定义、优化和计算数学表达式，特别是多维数组（numpy.ndarray）。在解决包含大量数据问题的时候，使用 Theano 编程可实现比 C 语言编程更快的运行速度。通过 GPU 加速，Theano 甚至可以比基于 CPU 计算的 C 语言快好几个数量级。Theano 结合 CAS（Computer Algebra System，计算机代数系统）和优化编译器，还可以为多种数学运算生成定制的 C 语言代码。对于处理包含重复计算的复杂数学表达式任务，计算速度很重要，因此这种 CAS 和优化编译器的组合非常有用。对于需要将每种不同的数学表达式都计算一遍的情况，Theano 可以最小化编译 / 解析计算量，但仍会给出如自动微分那样的符号特征。

在过去很长一段时间里，Theano 是深度学习开发与研究的行业标准。出身学界的 Theano 最初是为学术研究而设计的，这使得深度学习领域的许多学者至今仍在使用 Theano。但随着 TensorFlow 在谷歌的支持下强势崛起，Theano 日渐式微，使用的人越来越少。其中标志性事件是 Theano 的创始者之一 Ian GoodFellow 放弃 Theano 转去谷歌开发 TensorFlow 了。

2017 年 9 月 28 日，在 Theano 1.0 正式版发布前夕，LISA 实验室负责人、深度学习三巨头之一的 Yoshua Bengio 宣布 Theano 将停止开发："Theano is Dead."尽管 Theano 将退出历史舞台，但作为第一个 Python 深度学习框架，它很好地完成了自己的使命——为深度学习研究人员早期拓荒提供了极大的帮助，同时也为之后深度学习框架的开发奠定了基本设计方向：以计算图为框架的核心，采用 GPU 加速计算。

对于深度学习新手，可以使用 Theano 做入门练习，但对于职业开发者，建议使用 TensorFlow。

2.1.2 TensorFlow

TensorFlow 是 Google Brain 团队基于 Google 在 2011 年开发的深度学习基础架构 DistBelief 构建的。Google 在其所有的应用程序中都使用 TensorFlow 实现机器学习，例如使用 Google 照相机和 Google 语音搜索功能，就间接使用了 TensorFlow 模型。

TensorFlow 在很大程度上可以看作 Theano 的后继者，这不仅因为它们有很大一批共同的开发者，还因为它们拥有相近的设计理念，都基于计算图实现自动微分系统。TensorFlow 使用数据流图进行数值计算，图中的节点代表数学运算，图中的边代表在这些节点之间传递的多维数组。

TensorFlow 编程接口支持 Python 和 C++，TensorFlow 1.0 版本开始支持 Java、

Go、R 和 Haskell API 的 Alpha 版本。此外，TensorFlow 还可以在 Google Cloud 和 AWS 中运行。TensorFlow 支持 Windows 7、Windows 10 和 Windows Server 2016 系统。因为 TensorFlow 使用 C++ Eigen 库，所以可以在 ARM 架构上编译和优化。这也就意味着用户可以在各种服务器和移动设备上部署自己的训练模型，无须执行单独的模型解码器或者加载 Python 解释器。

作为当前最流行的深度学习框架，TensorFlow 获得了极大的成功，但在学习过程中读者也需要注意下面一些问题。

1）因为 TensorFlow 的接口在不断地快速迭代，并且版本之间不兼容，所以在开发和调试过程中可能会出现问题，例如开源代码无法在新版的 TensorFlow 上运行。

2）想学习 TensorFlow 底层运行机制的读者需要做好心理准备，TensorFlow 在 GitHub 代码仓库的总代码量超过 100 万行，系统设计比较复杂，这将是一个漫长的学习过程。

3）在代码层面，对于同一个功能，TensorFlow 提供了多种实现，这些实现良莠不齐，使用中还有细微的区别，请读者注意选择。另外，TensorFlow 创造了图、会话、命名空间、PlaceHolder 等诸多抽象概念，对普通用户来说较难理解。

凭借 Google 强大的推广能力，TensorFlow 已经成为当今最火的深度学习框架，不完美但是最流行。因为各公司使用的框架不统一，所以我们有必要多学习几个流行框架作为知识储备，TensorFlow 无疑是一个不错的选择。

2.1.3　MXNet

MXNet 是亚马逊首席科学家李沐带领团队开发的深度学习框架，拥有类似 Theano 和 TensorFlow 的数据流图，为多 GPU 架构提供了良好的配置，拥有类似 Lasagne 和 Blocks 的高级别模型构建块，可以在我们需要的任何硬件上运行（包括手机）。除了支持 Python，MXNet 同样提供了对 R、Julia、C++、Scala、Matlab、Go 和 Java 的接口。

MXNet 因其超强的分布式、内存/显存优化能力受到开发者的欢迎。同样的模型，MXNet 往往占用的内存和显存更小，在分布式环境下，MXNet 展现出了明显优于其他框架的扩展性能。

MXNet 的缺点是推广力度不够、接口文档不完善。虽然 MXNet 版本快速迭代，但官方 API 文档却长时间未更新，导致新用户难以掌握新版本的 MXNet，而老用户又需要查阅源码才能真正理解 MXNet 接口的用法。MXNet 文档比较混乱，不太适合新手入门，但其分布性能强大，语言支持比较多，比较适合在云平台使用。

2.1.4　Keras

Keras 是一个高层神经网络 API，使用 Python 编写，并将 TensorFlow、Theano 及 CNTK 作为后端。Keras 为支持快速实验而生，能够快速实现开发者的想法。Keras 目前是最容易上手的深度学习框架，它提供了一致且简洁的 API，能够极大减少一般应用下用户的工作量。

相比于深度学习框架，Keras 更像是一个深度学习接口，它构建于第三方框架之上。Keras 的缺点很明显：过度封装导致丧失了灵活性。Keras 最初作为 Theano 的高级 API，后来增加了 TensorFlow 和 CNTK 作为后端。为了屏蔽后端的差异性，Keras 提供了一致的用户接口并做了层层封装，导致用户在新增操作或是获取底层的数据信息时过于困难。同时，过度封装也使得 Keras 的程序运行十分缓慢，许多 Bug 都隐藏于封装之中。在绝大多数场景下，Keras 是本文介绍的所有框架中运行最慢的。

学习 Keras 十分容易，但是很快就会遇到瓶颈，因为它不够灵活。另外，在使用 Keras 的大多数时间里，用户主要是在调用接口，很难真正学习到深度学习的内容。

Keras 的过度封装使其并不适合新手学习（无法理解深度学习的真正内涵），故不推荐。

2.1.5　PyTorch

PyTorch 是一个 Python 优先的深度学习框架，能够在强大的 GPU 加速基础上实现张量和动态神经网络。

PyTorch 提供了完整的使用文档、循序渐进的用户指南，作者亲自维护 PyTorch

论坛，方便用户交流和解决问题。Facebook 人工智能研究院 FAIR 对 PyTorch 的推广提供了大力支持。作为当今排名前三的深度学习研究机构，FAIR 的支持足以确保 PyTorch 获得持续开发、更新的保障，不至于像一些个人开发的框架那样昙花一现。如有需要，我们也可以使用 Python 软件包（如 NumPy、SciPy 和 Cython）来扩展 PyTorch。

相对于 TensorFlow，PyTorch 的一大优点是它的图是动态的，而 TensorFlow 框架是静态图，不利于扩展。同时，PyTorch 非常简洁，方便使用。本书选取 PyTorch 为主要的实现框架。

如果说 TensorFlow 的设计是"Make it complicated"，Keras 的设计是"Make it complicated and hide it"，那么 PyTorch 的设计则真正做到了"Keep it simple，stupid"。

2.1.6 Caffe

Caffe 是基于 C++ 编写的深度学习框架，作者是贾杨清，源码开放（具有 Licensed BSD）并提供了命令行工具以及 Matlab 和 Python 接口。

Caffe 一直是深度学习研究者使用的框架，很多研究人员在上面进行开发和优化，因而有了不少沉淀，因此 Caffe 也是流行的深度学习框架之一。尽管如此，Caffe 也存在不支持多机、跨平台、可扩展性差等问题。初学使用 Caffe 还需要注意下面两个问题。

1）Caffe 的安装过程需要大量的依赖库，因此涉及很多安装版本问题，初学者须多加注意。

2）当用户要实现一个新的层，就需要用 C++ 实现它的前向传播和反向传播代码，而如果想要新层运行在 GPU 上，则需要同时使用 CUDA 实现这一层的前向传播和反向传播。

Caffe2 出自 Facebook 人工智能实验室与应用机器学习团队，贾杨清仍是主要贡献者之一。Caffe2 在工程上做了很多优化，比如运行速度、跨平台、可扩展性等，它可以看作 Caffe 更细粒度的重构，但在设计上，Caffe2 其实和 TensorFlow 更像。

目前 Caffe2 代码已开源。

在工业界和学术界仍有很多人使用 Caffe，而 Caffe2 的出现给我们提供了更多的选择。

2.2　搭建开发环境

本节我们将学习如何安装开发环境，安装环境主要是由 Anaconda 和 PyTorch 组成。

2.2.1　Anaconda

想要使用 PyTorch，我们需要先安装 Python。Python 可以在 https://www.python.org 下载，当需要某个软件包时可单独下载并安装。推荐读者使用 Anaconda（Anaconda 集成了 Python 开发环境以及一些常用的科学计算包），Anaconda 是一个用于科学计算的 Python 发行版，支持 Linux、Mac、Windows 系统，能让用户在数据科学工作中轻松安装经常使用的程序包。

在介绍 Anaconda 之前，我们先简单介绍一下 Conda（2.2.2 节会详细介绍）。Conda 是一个工具，也是一个可执行命令，其核心功能是管理包与环境。Conda 支持多种语言，用来管理 Python 包是绰绰有余的。这里注意区分 Conda 和 pip，pip 命令可以在任何环境中安装 Python 包，而 Conda 则是在 Conda 环境中安装任何语言包。Anaconda 中集合了 Conda，因此可以直接使用 Conda 进行包和环境的管理。

1）包管理：不同的包在安装和使用过程中会遇到版本匹配和兼容的问题，在实际工程中会使用大量的第三方安装包，人工手动匹配非常耗时耗力，因此包管理是非常重要的功能。

2）环境管理：用户可以用 Conda 来创建虚拟环境，就能很方便地解决多版本 Python 并存、切换等问题。

本书使用的环境是 GPU 服务器，下载 Anaconda 对应的 Python 版本为 3.7，如图 2-1 所示（图中以 macOS 为例）。下载 Anaconda 之后，Windows 和 macOS 用户按照提示进行安装，Linux 用户用命令行 sh Anaconda2-x.x.x-Linux-x86_64.sh 进行安

装（因为 Anaconda 一直在更新，所以读者使用的版本号可能和书中使用的不一致）。

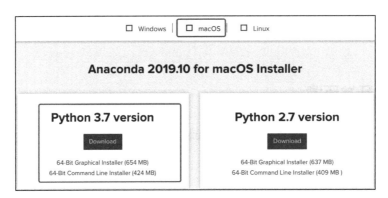

图 2-1　下载 Anaconda

　　安装 Anaconda 之后，在应用程序界面就能看到 Anaconda Navigator 的图标了，点击运行之后如图 2-2 所示，点击 Launch 按钮进入 Jupyter Notebook 后会出现如图 2-3 所示的画面。Windows 系统可以在开始菜单中找到 Anaconda，然后点击 Jupyter Notebook 运行。

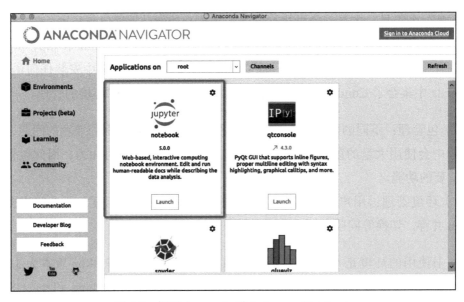

图 2-2　打开 Anaconda 进入 Jupyter Notebook

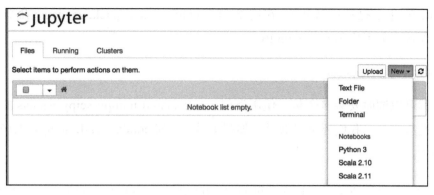

图 2-3　Jupyter Notebook 界面

通过右上角菜单 New → Python 3 新建一个编写代码的页面，然后在网页窗口中的 In 区域输入 1+1，最后按 shift+enter 键，我们会看到 Out 区域显示 2，这说明 Anaconda 环境部署成功了，如图 2-4 所示。

```
In [6]:  1 + 1 #加法
Out[6]:  2
```

图 2-4　Anaconda 环境测试界面

Jupyter Notebook 提供的功能之一就是可以多次编辑 Cell（代码单元格），在实际开发环境中，为了得到最好的效果，我们往往会对测试数据（文本）使用不同的技术进行解析和探索，因此 Cell 的迭代分析数据功能十分有用。

延伸学习

本节主要介绍了 Anaconda 的基本概念和使用方法，如果读者想更加深入地了解 Anaconda 中的组件 Jupyter Notebook，可以访问官方文档：https://jupyter. readthedocs.io/en/latest/install.html。

2.2.2　Conda

因为在后续学习过程中我们将多次用到 Conda，所以有必要专门用一节来介绍它。

1. 包的安装和管理

Conda 对包的管理是通过命令行的方式实现的（Windows 用户可以参考面向

Windows 的命令提示符教程），在终端键入 conda install package_name 命令即可安装。例如输入如下代码安装 NumPy。

```
conda install numpy
```

我们可以同时安装多个包，使用类似 conda install numpy scipy pandas 的命令会同时安装所有包。我们还可以通过添加版本号（例如 conda install numpy=1.10）来指定包版本。

Conda 还会自动安装依赖项。例如，Scipy 依赖于 Numpy，如果只安装 Scipy（使用 conda install scipy 命令），则 Conda 还会安装 NumPy（在尚未安装的前提下）。

Conda 的大多数命令都是很直观的。要卸载包，则使用 conda remove package_name 命令；要更新包，则使用 conda update package_name 命令；如果想更新环境中的所有包（这个操作很有用），则使用 conda update –all 命令；最后，要列出已安装的包，则使用前面提过的 conda list 命令。

如果不知道要找的包的确切名称，可以尝试使用 conda search search_term 命令进行搜索。例如，我想安装 Beautiful Soup，但我不清楚包的具体名称，就可以尝试执行 conda search beautifulsoup 命令，查找结果如图 2-5 所示。

```
Fetching package metadata ...........
beautifulsoup4                    4.4.0           py27_0   defaults
                                  4.4.0           py34_0   defaults
                                  4.4.1           py27_0   defaults
                                  4.4.1           py34_0   defaults
                                  4.4.1           py35_0   defaults
                                  4.5.1           py27_0   defaults
                                  4.5.1           py34_0   defaults
                                  4.5.1           py35_0   defaults
                                  4.5.1           py36_0   defaults
                                  4.5.3           py27_0   defaults
                                  4.5.3           py34_0   defaults
                                  4.5.3           py35_0   defaults
                              *   4.5.3           py36_0   defaults
                                  4.6.0           py27_0   defaults
                                  4.6.0           py34_0   defaults
                                  4.6.0           py35_0   defaults
                                  4.6.0           py36_0   defaults
```

图 2-5　通过 Conda 搜索 beautifulsoup

提示 Conda 将所有的工具，包括第三方包都当作 package（包）对待，因此 Conda 可以打破包管理与环境管理的约束，更高效地安装各种版本的 Python 以及各种 package，并且切换起来也很方便。

2. 环境管理

除了管理包之外，Conda 还是虚拟环境管理器。环境能分隔用于不同项目的包，我们常常要使用依赖于某个库的不同版本的代码。例如，代码可能使用了 NumPy 中的新功能，或者使用了已被删除的旧功能，实际上，不可能同时安装两个 NumPy 版本。这时候我们要做的是为每个 NumPy 版本创建一个环境，然后在对应的环境中工作。这里再补充一下，每一个环境都是相互独立、互不干预的。

如果需要创建不同的运行环境，可以参考下面的说明。

```
创建代码运行环境
conda create -n basic_env  python=3.7 # 创建一个名为 basic_env 的环境
source activate basic_env # 激活这个环境 -Linux 和 macOS 代码
activate basic_env # 激活这个环境 -Windows 代码
```

2.2.3　PyTorch 的下载与安装

安装 Anaconda 环境之后，我们已经有了 Python 的运行环境及基础的数学计算库，接下来我们学习如何安装 PyTorch。首先，进入 PyTorch 的官方网站（https://pytorch.org），如图 2-6 所示（目前 PyTorch 版本已经是 1.4 了，读者在安装时请以实际版本为准，图中只是一个示例）。

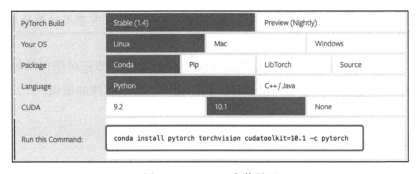

图 2-6　PyTorch 安装界面

按照提示，我们可以使用系统推荐的命令进行安装。这里注意一点，如果电脑没有支持的显卡进行 GPU 加速，CUDA 这个选项就选择 None。

安装完成后，在 Anaconda 中的 Notebook 输入如图 2-7 所示的代码来验证安装是否正确，图中的输出结果分别是 PyTorch 的版本信息及当前环境是否支持 GPU 加速。

图 2-7   验证安装成功

2.3   NumPy 使用详解

NumPy（Numerical Python）是高性能科学计算和数据分析的基础包，提供了以下几个矩阵运算功能。

1）具有向量算术运算和复杂广播能力的多维数组对象 ndarray。

2）用于对数组数据进行快速运算的标准数学函数。

3）用于读写磁盘数据的工具以及操作内存映射文件的工具。

4）非常有用的线性代数计算，可用于傅里叶变换和随机数操作。

5）用于集成 C/C++ 和 Fortran 代码的工具。

除明显的科学计算用途之外，NumPy 也可以用作通用数据的高效多维容器，可以定义任意数据类型。这些特点使得 NumPy 能无缝、快速地与各种数据库集成。

提示   我们可以这样理解复杂广播能力：当有两个维度不同的数组进行运算时，可以将低维数组复制成高维数组参与运算（因为 NumPy 运算的时候需要结构相同）。

在学习目标检测的过程中，需要将图像转换为矩阵，即把对图像的处理简化为向量空间中的向量运算。基于向量运算，我们就可以实现图像的识别。

2.3.1   创建数组

下面我们来学习 NumPy 中的一些核心知识。在 NumPy 中，最核心的数据结构是 ndarray, ndarray 代表多维数组，数组指的是数据的集合。为了方便理解，我们来举例说明。

一个班级里学生的学号可以通过一维数组来表示。数组名为 a，在 a 中存储的是数值类型的数据，分别是 1、2、3、4，如表 2-1 所示。

表 2-1　学生学号索引表

索引	学号
0	1
1	2
2	3
3	4

其中 a[0] 代表第一个学生的学号 1，a[1] 代表第二个学生的学号 2，以此类推。

班级里学生的学号和姓名，可以用二维数组来表示，数组名为 b，如表 2-2 所示。

表 2-2　学生姓名索引表

1	Tim
2	Joey
3	Johnny
4	Frank

类似地，b[0,0] 代表 1（学号），b[0,1] 代表 Tim（学号为 1 的学生的名字），以此类推，b[1,0] 代表的是 2（学号）。

借用线性代数的说法，一维数组通常称作向量，二维数组通常称作矩阵。

安装 Anaconda 之后，默认情况下 NumPy 已经在库中了，因此不需要额外安装。我们写一些语句简单测试下 NumPy 库。

在 Anaconda 中的 Notebook 里输入 import numpy as np 命令之后，按 shift+enter 键执行，如果没有报错，说明 NumPy 被正常引入，如图 2-8 所示。

```
In [1]:  import numpy as np
```

图 2-8　在 Notebook 中引入 NumPy

上面这条语句通过 import 关键字引入 NumPy 库，然后通过 as 参数为其取一个别名 np。别名的作用是为之后写代码的时候方便引用。

通过 NumPy 中的 array() 方法，可以直接导入向量：

```
vector = np.array([1,2,3,4])
```

通过 numpy.array() 方法，也可以导入矩阵：

```
matrix = np.array([[1,'Tim'],[2,'Joey'],[3,'Johnny'],[4,'Frank']])
```

轮到你来

首先定义一个向量，分配一个变量名 vector，然后定义一个矩阵并分配给变量 matrix，最后通过 Python 中的 print 方法在 Notebook 中打印结果。

2.3.2 创建 NumPy 数组

我们可以通过创建 Python 列表的方式创建 NumPy 矩阵，比如输入 nparray = np.array([i for i in range(10)]) 命令，可以看到返回的结果是 array([0, 1, 2, 3, 4, 5, 6, 7, 8, 9])。同样，我们也可以通过 Python 列表的方式修改值，比如输入 nparray[0] = 10，再观察 nparray 的向量就会发现，返回的结果是 array([10, 1, 2, 3, 4, 5, 6, 7, 8, 9])。

NumPy 数组也封装了其他用于创建矩阵的方法。我们先介绍 np.zeros 方法（从命名规则来看，这个方法用于创建数值都为 0 的向量）。

```
a = np.zeros(10)
```

返回结果如下。

```
array([ 0.,  0.,  0.,  0.,  0.,  0.,  0.,  0.,  0.,  0.])
```

我们发现，每一个 0 后面都有一个小数点，通过调用 a.dtype 会发现，我们创建的这个向量的类型为 dtype('float64')。值得注意的是，在大部分目标检测算法的开发中，我们使用的都是 float64 这个类型。使用以下命令可以在创建 NumPy 矩阵的时候强制规定一种类型。

```
np.zeros(10,dtype=int)
```

这样，返回的结果在矩阵中的数据都是整型 0 了。介绍完使用 np.zeros 方法创建向量之后，再来看如何创建一个多维矩阵。

```
np.zeros(shape=(3,4))  #创建一个 3 行 4 列的矩阵，数据类型为 float64
```

返回结果如下。

```
array([[ 0.,  0.,  0.,  0.],
       [ 0.,  0.,  0.,  0.],
       [ 0.,  0.,  0.,  0.]])
```

与 np.zeros() 方法相似的还有 np.ones() 方法。顾名思义，创建的矩阵数值都为 1。我们来举个例子进行说明。

```
np.ones((3,4))
```

返回结果如下。

```
array([[ 1.,  1.,  1.,  1.],
       [ 1.,  1.,  1.,  1.],
       [ 1.,  1.,  1.,  1.]])
```

读者可能会有疑问，既然我们可以创建数值全为 0 的矩阵，也可以创建数值全为 1 的矩阵，那么 NumPy 是否提供了一个方法可以让我们自己指定值呢？答案是肯定的，这个方法就是 np.full() 方法，我们来看下边的例子。

```
np.full((3,5),121)  #创建一个 3 行 5 列的矩阵，默认值为 121
```

返回结果如下。

```
array([[121, 121, 121, 121, 121],
       [121, 121, 121, 121, 121],
       [121, 121, 121, 121, 121]])
```

我们也可以使用 np.arange() 方法创建 NumPy 矩阵。

np.arange(0,20,2) #arange 接收 3 个参数，与 Python 中的 range() 方法相似，arange() 也是前闭后开的方法，第 1 个参数为向量的第一个值 0，第 2 个参数为向量

的最后一个值 20，因为是后开，所以取的是 18，第 3 个参数为步长，默认为 1，本例为 2，故最后一个值是 18

返回结果如下。

```
array([ 0, 2, 4, 6, 8, 10, 12, 14, 16, 18])
```

我们可以使用 np.linspace() 方法（前闭后闭）对 NumPy 矩阵进行等分，比如我们想将 0 ～ 10 等分为 5 份，代码如下。

```
np.linspace(0,10,5)
```

返回结果如下。

```
array([ 0., 2.5, 5., 7.5, 10.])
```

我们通过下面几个例子来看在 NumPy 矩阵中如何生成随机数矩阵。

生成一个长度为 10 的向量，里面的数值都是 0 ～ 10 的整数。

```
import numpy as np
np.random.randint(0,10,10)
```

如果不确定每个参数代表的意思，则加上参数名 size。

```
np.random.randint(0,5,size=5)    #注意是前闭后开，永远取不到 5
```

我们也可以生成一个 3 行 5 列的整数矩阵，命令如下。

```
np.random.randint(4,9,size=(3,5))
```

如果我们不想每次生成的随机数都不固定，可以执行 np.random.seed(1) 命令，随机种子设为 1，这以后用随机种子 1 生成的随机数都是固定的。

我们也可以生成 0 ～ 1 的浮点数的向量或者矩阵。

```
np.random.random(10) #生成 0~1 的浮点数，长度为 10 的向量
np.random.random((2,4)) #生成 0~1 的浮点数，2 行 4 列的矩阵
```

np.random.normal() 的意思是一个正态分布，normal 在这里是正态的意思。numpy.random.normal(loc=0,scale=1,size=shape) 命令的意义如下。

1）参数 loc(float)：正态分布的均值，对应这个分布的中心。loc=0 说明这是一个以 Y 轴为对称轴的正态分布。

2）参数 scale(float)：正态分布的标准差，对应分布的宽度，scale 越大，正态分布的曲线越扁平，scale 越小，曲线越陡峭。

3）参数 size（int 或者整数元组）：输出的值赋在 shape 里，默认为 None。

2.3.3　获取 NumPy 属性

首先，我们通过 NumPy 中的 arange(n) 方法，生成 0 到 n−1 的数组。比如我们输入 np.arange(15)，可以看到返回的结果是 array（[0，1，2，3，4，5，6，7，8，9，10, 11, 12, 13, 14]。

然后，通过 NumPy 中的 reshape（row,column）方法，自动构建一个多行多列的 array 对象。

比如，我们输入如下命令。

```
a = np.arange(15).reshape(3,5),代表 3 行 5 列
```

返回结果如下。

```
array([[ 0,  1,  2,  3,  4],
       [ 5,  6,  7,  8,  9],
       [10, 11, 12, 13, 14]])
```

有了基本数据之后，可以通过 NumPy 提供的 shape 属性获取 NumPy 数组的行数与列数。

```
print(a.shape)
```

可以看到返回的结果是一个元组（tuple），数字 3 代表 3 行，数字 5 代表 5 列。

```
(3, 5)
```

轮到你来

通过 arange() 和 reshape() 方法定义一个 NumPy 数组，然后通过 Python 的 print 方法打印出数组的 shape 值（返回的应该是一个元组类型）。

我们可以通过 .ndim 属性获取 NumPy 数组的维度，下面举两个例子。

```
import numpy as np
x = np.arange(15)
print(x.ndim) # 输出 x 向量的维度，这时能看到的维度是 1 维
X = x.reshape(3,5) # 将 x 向量转为 3 行 5 列的二维矩阵
Print(X.ndim) # 输出 X 矩阵的维度，这时能看到的维度是 2 维
```

reshape() 方法的特别用法：如果用户只关心需要多少行或者多少列，其他由计算机自己来算，则可以使用如下方法。

```
x.reshape(15,-1) # 我只关心我要 15 行，列由计算机自己来算
x.reshape(-1,15) # 我只关心我要 15 列，行由计算机自己来算
```

2.3.4　NumPy 数组索引

NumPy 支持类似列表的定位操作，示例如下。

```
import numpy as np
matrix = np.array([[1,2,3],[20,30,40]])
print(matrix[0,1])
```

得到的结果是 2。

上述代码中，matrix[0,1] 中 0 代表的是行，在 NumPy 中，0 代表起始的第一个，因此取的是第 1 行，之后的 1 代表列，因此取的是第 2 列。那么，最后第一行第二列就是 2 这个值了。

2.3.5　切片

NumPy 支持类似列表的切片操作，示例如下。

```
import numpy as np
matrix = np.array([
[5, 10, 15],
 [20, 25, 30],
 [35, 40, 45]
 ])
print(matrix[:,1])
print(matrix[:,0:2])
print(matrix[1:3,:])
```

```
print(matrix[1:3,0:2])
```

上述 print(matrix[:,1]) 语法表示选取所有的行，列的索引是 1 的数据，结果是返回 10,25,40。

1）print(matrix[:,0:2]) 表示选取所有的行，列的索引是 0 和 1 的数据。

2）print(matrix[1:3,:]) 表示选取行的索引是 1 和 2 以及所有的列。

3）print(matrix[1:3,0:2]) 表示选取行的索引是 1 和 2 以及列的索引是 0 和 1 的数据。

2.3.6　NumPy 中的矩阵运算

在本书中，矩阵运算（加、减、乘、除）将严格按照数学公式进行演示，即两个矩阵的基本运算必须有相同的行数与列数。本例只演示两个矩阵相减的操作，其他操作读者可以自行测试。

```
import numpy as np
myones = np.ones([3,3])
myeye = np.eye(3) #生成一个对角线的值为 1，其余值都为 0 的 3 行 3 列矩阵
print(myeye)
print(myones-myeye)
```

我们可以看到输出结果如下。

```
[[ 1.  0.  0.]
 [ 0.  1.  0.]
 [ 0.  0.  1.]]
[[ 0.  1.  1.]
 [ 1.  0.  1.]
 [ 1.  1.  0.]]
```

除此之外，NumPy 还预置了很多函数，如表 2-3 所示，这些函数可以影响矩阵中的每个元素的值。

表 2-3　NumPy 预置函数

矩阵函数	说明
np.sin(a)	对矩阵 *a* 中每个元素取正弦 sin(x)
np.cos(a)	对矩阵 *a* 中每个元素取余弦 cos(x)
np.tan(a)	对矩阵 *a* 中每个元素取正切 tan(x)
np.sqrt(a)	对矩阵 *a* 中每个元素开根号
np.abs(a)	对矩阵 *a* 中每个元素取绝对值

1. 矩阵之间的点乘

矩阵的乘法必须满足第一个矩阵的列数等于第二个矩阵的行数，矩阵乘法的函数为 dot。我们举个例子进行说明。

```
import numpy as np
mymatrix = np.array([[1,2,3],[4,5,6]])
a = np.array([[1,2],[3,4],[5,6]])
print(mymatrix.shape[1] == a.shape[0])
print(mymatrix.dot(a))
```

返回结果如下。

```
[[22 28]
 [49 64]]
```

其原理是将 mymatrix 的第一行 [1,2,3] 与 *a* 矩阵的第一列 [1,3,5] 先相乘后相加，接着将 mymatrix 的第一行 [1,2,3] 与 *a* 矩阵的第二列 [2,4,6] 先相乘后相加，以此类推。

2. 矩阵的转置

矩阵的转置就是将原来矩阵中的行变为列，我们举例进行说明。

```
import numpy as np
a = np.array([[1,2,3],[4,5,6]])
print(a.T)
```

返回结果如下。

```
[[1 4]
 [2 5]
 [3 6]]
```

3. 矩阵的逆

先导入 numpy.linalg 包，用 linalg 中的 inv 函数求逆，矩阵求逆的条件是矩阵的行数和列数相同，我们来举例说明。

```
import numpy as np
import numpy.linalg as lg
A = np.array([[0,1],[2,3]])
invA = lg.inv(A)
print(invA)
```

```
print(A.dot(invA))
```

返回结果如下。

```
[[-1.5  0.5]
 [ 1.   0. ]]
```

逆矩阵就是原矩阵 A.dot(invA) 以及 invA.dot(A) 的结果为单位矩阵，并不是所有的矩阵都有逆矩阵。

2.3.7 数据类型转换

NumPy ndarray 数据类型可以通过参数 dtype 进行设定，还可以使用 astype() 方法转换类型，这在处理文件时很实用。注意，调用 astype() 方法时会返回一个新的数组，也就是原始数据的一份复制文件。

比如，把 string 类型转换为 float 类型。

```
vector = numpy.array(["1", "2", "3"])
vector = vector.astype(float)
```

注意 上述例子中，如果字符串包含非数字类型，从 string 类型转换为 float 类型时就会报错。

2.3.8 NumPy 的统计计算方法

NumPy 内置了很多计算方法，以下几种统计方法比较重要。

1）sum()：计算矩阵元素的和。
2）mean()：计算矩阵元素的平均值。
3）max()：计算矩阵元素的最大值。
4）median()：计算矩阵元素的中位数。

需要注意的是，这些统计方法的数值类型必须是 int 或者 float。

数组示例如下。

```
vector = numpy.array([5, 10, 15, 20])
vector.sum()
```

得到的结果是 50。

矩阵示例如下

```
matrix=
array([[ 5, 10, 15],
       [20, 10, 30],
       [35, 40, 45]])
matrix.sum(axis=1)
array([ 30,  60, 120])
matrix.sum(axis=0)
array([60, 60, 90])
```

axis=1 计算的是行的和，结果以列的形式展示。axis= 0 计算的是列的和，结果以行的形式展示。

延伸学习

官方推荐教程（https://docs.scipy.org/doc/numpy-dev/user/quickstart.html）是不错的入门选择。

2.3.9　NumPy 中的 arg 运算

argmax() 函数用于求数组中最大值的下标，简单来说，就是求最大的数对应的索引（位置）是多少。

```
index2 = np.argmax([1,2,6,3,2]) # 返回的是 2
```

argmin() 函数用于求数组中最小值的下标，用法与 argmax() 函数类似。

```
index2 = np.argmin([1,2,6,3,2]) # 返回的是 0
```

我们继续探索 NumPy 矩阵的排序和使用索引。

```
import numpy as np
x = np.arange(15)
print(x)
np.random.shuffle(x) # 随机打乱
```

```
print(x)
sx = np.argsort(x) # 从小到大排序，返回索引值
print(sx)
```

返回索引值中第一个元素 7 代表 x 向量中 0 的索引地址，第二个元素 12 代表 x 向量中 1 的索引地址，其他元素以此类推。

2.3.10　FancyIndexing

如果要索引 NumPy 向量（或者矩阵）其中的一个值，是比较容易的，比如通过 x[0] 取值。但是，如果取数条件更复杂，比如需要返回 NumPy 数组中的第 3 个、第 5 个以及第 8 个元素，该怎么办呢？使用 Fancyindexing 就可以解决这个问题。

```
import numpy as np
x = np.arange(15)
ind = [3,5,8]
print(x[ind])
```

我们也可以从一维向量中构建新的二维矩阵。

```
import numpy as np
x = np.arange(15)
np.random.shuffle(x)
# 第一行需要取 x 向量中索引为 0 和 2 的元素，第二行需要取 x 向量中索引为 1 和 3 的元素
ind=np.array([[0,2],[1,3]])
print(x)
print(x[ind])
```

对于二维矩阵，我们使用 fancyindexing 取数也是比较容易的。

```
import numpy as np
x = np.arange(16)
X = x.reshape(4,-1)
row = np.array([0,1,2])
col = np.array([1,2,3])
print(X[row,col])  # 相当于取 3 个点，分别是 (0,1)、(1,2)、(2,3)
print(X[1:3,col])  # 相当于取第 2、3 行以及我需要的列
```

2.3.11　NumPy 数组比较

NumPy 强大的地方是可以进行数组或矩阵的比较，数据比较之后会产生 Boolean 值。

```
import numpy as np
matrix = np.array([
[5, 10, 15],
[20, 25, 30],
[35, 40, 45]
])
m = (matrix == 25)
print(m)
```

返回结果如下。

```
[[False False False]
 [False  True False]
 [False False False]]
```

我们再来看一个比较复杂的例子。

```
import numpy as np
matrix = np.array([
[5, 10, 15],
[20, 25, 30],
[35, 40, 45]
])
second_column_25 =  (matrix[:,1] == 25)
print(second_column_25)
print(matrix[second_column_25, :])
```

上述代码中，print(second_column_25) 输出的是 [False True False]。matrix[:,1] 代表的是所有的行以及索引为 1 的列 [10,25,40]，然后和 25 进行比较，得到的就是 false,true,false。print(matrix[second_column_25, :]) 代表返回 true 值的那一行数据 [20, 25, 30]。

注 上述例子是单个条件，NumPy 也允许我们使用条件符拼接多个条件，其中 &
意 代表且，| 代表或。比如 vector=np.array([5,10,11,12])，equal_to_five_and_ten = (vector == 5) & (vector == 10) 返回的都是 false；如果是 equal_to_five_or_ten = (vector == 5) | (vector == 10)，则返回 [True,True,False,False]。

我们可以通过 np.count_nonzero(x<=3) 计算小于、等于 3 的元素个数，1 代表 True，0 代表 False；也可以通过 np.any(x == 0) 计算，只要 *x* 中有一个元素等于 0，

就返回 True。np.all(x>0) 需要所有的元素都大于 0 才能返回 True，以此帮助我们判断 x 里的数据是否满足一定的条件。

2.4　本章小结

　　工欲善其事，必先利其器。本章主要介绍了深度学习常见框架和科学计算库（NumPy）。需要提醒读者的是，应重点关注 NumPy，因为在一些具体任务上，通常在开始时都需要将图像存于 NumPy 矩阵，以进行相应的计算。另外，PyTorch 中的 tensor 操作和 NumPy 类似，由于篇幅限制，无法逐一对 Pandas、Matplotlib 等常用的 Python 库进行介绍，望读者自行查找相关资料。在入门目标检测之前，读者应掌握一定的 Python 基础与图像分类算法。

第 3 章

卷积神经网络

卷积神经网络（Convolutional Neural Network，CNN）是一种深度前馈神经网络，目前广泛应用于图像分类、图像检索、目标检测、目标分割、目标跟踪、视频分类等图像识别领域。CNN 可以基于原始图像的像素数据先在第一层网络进行边缘检测；然后在第二层网络中，通过边缘检测识别的形状（比如斑点），检测到更高层级的特征（比如人类面部特征）；最后在第三层网路使用这些特征做图像预测。本章主要介绍卷积神经网络的基础知识以及常见的网络层，为后续学习目标检测打下坚实的基础。

3.1　卷积神经网络基础

与普通的神经网络相比，卷积神经网络有一些特殊的层（比如卷积层和池化层），本节将详细介绍这些新概念。

3.1.1　全连接层

在介绍卷积神经网络之前，我们不得不先提一下神经网络（如果想了解神经网络的更多细节，可以参阅《深度学习与图像识别：原理与实践》一书），因为神经网络中相邻层的所有神经元之间都是相互连接的，所以也将相邻层称为全连接层。它包含权重向量 W 和激活函数，具体来说，如果一张 $32 \times 32 \times 3$ 的图像（宽和高均为 32 个像素，有 3 个 RGB 通道，可以理解为一个 $32 \times 32 \times 3$ 的矩阵）要通过全连接层，首先要将其拉伸为 3072×1 的向量，作为神经网络隐藏层的输入，然后对该向量与

权重向量 W 做点乘操作，将点乘后的结果作为激活函数（如 Sigmoid 或 ReLU）的输入，最后激活函数输出的结果便是全连接层的最终结果。操作过程如图 3-1 所示，其中圆圈的值表示所有 3072 个输入和 10 维权重向量 W 点乘的结果。

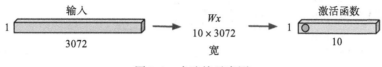

图 3-1　全连接示意图

3.1.2　卷积层

卷积层与全连接层不同，它保留了输入图像的空间特征，仍以一张 $32 \times 32 \times 3$ 的图像为例，卷积层的输入就是 $32 \times 32 \times 3$ 的矩阵，不需要做任何改变。卷积层的主要作用是提取特征。我们将卷积层的输入输出数据称为特征图，那么卷积层的输入数据就是输入特征图，输出数据就是输出特征图。

在卷积层中，对图像进行的处理就是卷积运算。在卷积运算中，我们需要引入一个新的概念：卷积核（kernel，常简称为卷积，有时也称为滤波器）。卷积核的尺寸可以根据实际需要自行定义，通常设为（1，1）（3，3）、（5，5）等。值得注意的是，尺寸较大的卷积核带来的计算量会比较大，因此目前主流的卷积核尺寸都相对较小。卷积核的通道个数一般设置为与输入图像通道数一致（如果输入的图像是灰度图，则通道数为 1，如果输入的图像是彩色图，则通道数为 3）。

下面我们来探讨卷积运算的过程。让卷积核在输入特征图上依次滑动，滑动方向为从左到右，从上到下。每滑动一次，卷积核就和滑窗位置对应的输入特征图 x 做一次点乘计算（将各个位置上卷积核的元素和输入特征图对应位置的元素先相乘再求和），并将得到的数值保存到输出特征图对应的位置上，最终得到卷积运算的输出（形成完整的输出特征图）。在 CNN 中，卷积核除了有权重参数之外，也存在偏置。偏置通常只有一个（1，1），它会被加到应用卷积核的所有元素上。

介绍了这么多概念，下面我们通过一个示例加深理解。本例中，输入特征图的大小是（4，4），卷积核的大小是（3，3），输出的特征图的大小是（2，2）。对于输入特征图数据，以一定间隔的滑动卷积核进行卷积运算，这里的滑动间隔为 1，如

图 3-2 所示。

输入特征图　　　　　　　　　卷积核　　　　　　　　　输出特征图

图 3-2　卷积运算示例

我们先来观察图 3-3 深色的部分（与卷积核的尺寸保持一致）。将输入特征图各个位置上的元素与卷积核对应的元素先相乘再求和，并将这个结果保存到输出特征图相应的位置上。具体计算逻辑（以第一次运算作为示例）为 $1 \times 1 + 2 \times 0 + 3 \times 3 + 0 \times 0 + 1 \times 1 + 2 \times 2 + 2 \times 2 + 1 \times 1 + 0 \times 0 = 20$。以此类推，过程如图 3-3 所示。

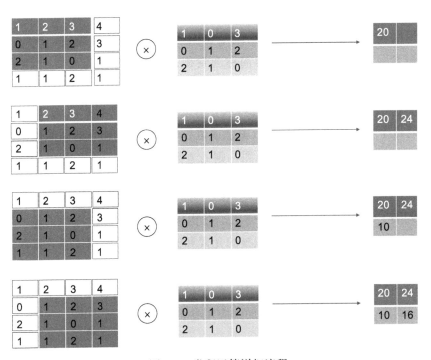

图 3-3　卷积运算详细流程

最后加上偏置，如图 3-4 所示。

图 3-4　卷积运算上应用偏置

这里需要提到另一个概念：步长，即卷积核在输入特征图上需要移动的像素。如上述例子的步长为 1 时，卷积核每次只移动 1 个像素，计算过程不会跳过任何一个像素；而步长为 2 时，卷积核会跳过 1 个像素，每次移动 2 个像素。

为方便大家理解，我们先看一维卷积运算的情况，如图 3-5a 所示，输入一个（1，7）的向量及其对应的数值。我们定义一维卷积，尺寸为（1，3）（数值分别为 10、5、11），那么经过第一次卷积操作（卷积和对应的输入做点乘）后我们得到 $10 \times 5 + 5 \times 2 + 11 \times 6 = 126$，故图中 A 对应的数值为 126。

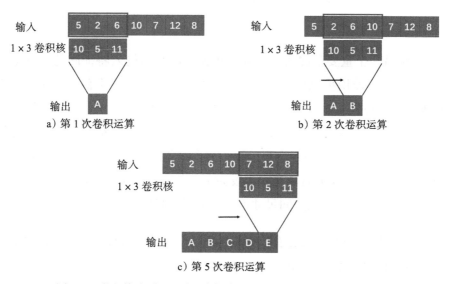

图 3-5　卷积核为（1，3），步长为 1 的一维卷积运算过程示意图

在这个例子里，因为我们定义步长为 1，所以接下来卷积移动一个格子（在图像中一个步长可以理解为一个像素）。如图 3-5b 所示，可以计算得到 B 的数值为 160。以此类推，最终得到一个（1，5）的向量，如图 3-5c 所示。

补充说明

卷积核每次滑动覆盖的范围在图像处理中也叫作感受野,我们会在后续做详细介绍。

接着,我们扩展到步长为 2 的情况,如图 3-6 所示,同样是(1,7)的输入向量,每次移动两个格子,即卷积从"5,2,6"移动到"6,10,7",然后再移动到"7,12,8",完成所有的卷积操作后,最终得到一个(1,3)的向量。

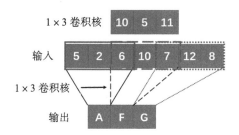

图 3-6   卷积核为(1,3),步长为 2 的一维卷积运算过程示意图

下面介绍另一个重要的概念:填充。填充指的是向输入特征图的周围填入固定的数据(比如 0)。使用填充可以调整输出特征图的大小。举个例子,对大小为(4,4)的输入特征图应用(3,3)的卷积核,如果不使用填充,则输出特征图的尺寸为(2,2)。在反复进行多次卷积运算之后,深度网络的输出特征图的尺寸有可能在某个时刻变为 1,导致无法再进行卷积运算。为了避免这样的情况出现,就需要进行填充。针对刚才的例子,我们将填充大小设为 1,这样输出特征图的尺寸就能保持原来的(4,4),卷积运算可以在空间尺寸不变的情况下将数据传递给下一层。

介绍了卷积层,我们再来看看什么是卷积神经网络。如图 3-7 所示,卷积神经网络由一系列卷积层经过激活所得。

接下来我们学习一种更为通用的卷积形式,在(7,7)的输入图像周边做 1 个像素的填充(padding=1),如图 3-8 所示,那么步长为 1,卷积核为(3,3)的输出特征层为(7,7)。我们给出通用卷积层的计算公式:输入图像为 $W_1 \times H_1 \times D_1$,$W$、$H$、$D$ 分别表示图像的宽、高、通道数;卷积层中卷积核的大小为(F,F),步长为 S,填充大小为 P,卷积核的个数为 K,那么经过卷积运算后输出图像的宽、高、通道数

分别为 $W_2 = \dfrac{W_1 - F + 2P}{S} + 1$ ，$H_2 = \dfrac{H_1 - F + 2P}{S} + 1$ ，$D_2 = K$。

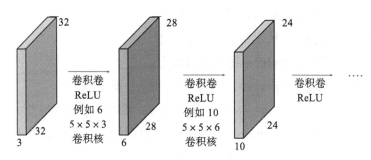

图 3-7　卷积神经网络示意图

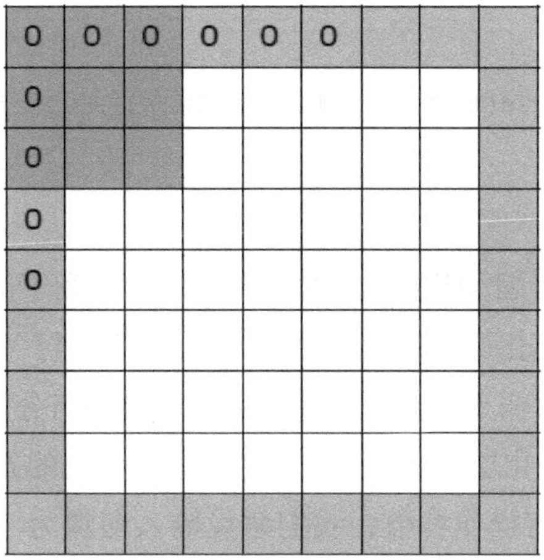

图 3-8　卷积核为（3，3），填充大小为 1 的卷积运算示意图

至此，卷积层的基本运算介绍完毕，那么卷积层的参数个数是如何计算的呢？假设输入的图像为彩色图、3 通道，并且使用了 10 个卷积核，每个卷积核的大小为（4，4），那么这个卷积层的参数个数为 $4 \times 4 \times 3 \times 10 + 10 = 490$（最后的 10 为偏置个数，一般偏置个数与卷积核数量保持一致）。

与传统神经网络不同的是，卷积层的计算是含有空间信息的。

对于 PyTorch 这个深度学习框架来说，卷积函数已经被很好地封装了。二维卷积 nn.Conv2d 用于处理图像数据，对宽度和高度都进行卷积运算，其定义如下。

```
class torch.nn.Conv2d(in_channels, out_channels, kernel_size, stride=1,
   padding=0, dilation=1, groups=1, bias=True)
```

❑ in_channels (int)：输入特征图的通道数。

❑ out_channels (int)：输出特征图的通道数。

❑ kernel_size (int or tuple)：卷积核的大小。

❑ stride (int or tuple, optional)：卷积核的步长，默认为 1。

❑ padding (int or tuple, optional)：输入的每一条边补充 0 的层数，默认为 0。

❑ dilation (int or tuple, optional)：卷积核元素间的距离，默认为 1。

❑ groups (int, optional)：将原始输入通道划分成的组数，默认为 1。

❑ bias (bool, optional)：默认为 True，表示输出的 bias 可学习。

示例如下。

```
self.conv1 = nn.Conv2d(1, 6, 5)   # 输入通道数为 1，输出通道数为 6，卷积核为（5,5）
```

3.1.3　池化层

池化是对图像进行压缩（降采样）的一种方法，有利于减少后续的计算量，同时不会影响特征的提取。池化层在图像分类领域的应用非常广泛，但是在目标检测以及图像分割领域的存在感就弱了一些，究其原因在于检测与分割需要被检测对象在图像中的具体位置信息，而池化层容易丢失这样的信息。池化的方法有很多，如最大池化、平均池化等。池化层也有操作参数，我们假设输入图像为 $W_1 \times H_1 \times D_1$，$W_1$、$H_1$、$D_1$ 分别表示图像的宽、高、通道数。池化层中池化卷积核的尺寸为（F, F），步长为 S，那么经过池化后输出图像的宽、高、通道数分别为 $W_2 = \dfrac{W_1 - F}{S} + 1$，$H_2 = \dfrac{H_1 - F}{S} + 1$，$D_2 = D_1$。通常情况下 F =2，S =2。如图 3-9 所示，一个（4，4）的特征层经过卷积核尺寸为（2，2），步长为 2 的最大池化操作后得到一个（2，2）的特征层。池化层的特点是没有要学习的参数，池化只是从目标区域中取最大值或者平均值；在池化运算中，输入特征图和输出特征图的通道数不会发生变化（计算是按通道独立进行的），如图 3-10 所示。

池化层对原始特征层的信息进行压缩，当输入数据发生微小偏差的时候，池化层的计算仍然会返回相同的结果，因此池化层对数据发生的微小偏差具有一定的鲁棒性。综合来看，池化层是卷积神经网络中很重要的一步，在后面的章节中，我们将会看到在绝大多数情况下，卷积层、池化层、激活层三者像一个整体一样共同出现。下面给出 PyTorch 中定义池化层的代码。

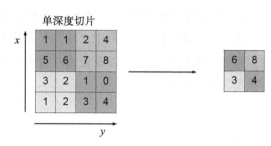

图 3-9　卷积核为（2，2），步长为 2 的最大池化操作

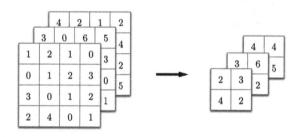

图 3-10　池化层中通道数不变

```
class torch.nn.MaxPool2d(kernel_size, stride=None, padding=0, dilation=1,
  return_indices=False, ceil_mode=False)
```

❑ kernel_size(int or tuple)：最大池化的卷积核大小。

❑ stride(int or tuple, optional)：最大池化卷积核移动的步长，默认值是 kernel_size。

❑ padding(int or tuple, optional)：输入的每一条边补充 0 的层数。

❑ dilation(int or tuple, optional)：一个控制卷积核中元素步幅的参数。

❑ return_indices：如果等于 True，则返回输出最大值的序号，对于上采样操作会有帮助。

❑ ceil_mode：如果等于 True，计算输出信号大小的时候，会使用向上取整，代替默认为 False 时的向下取整操作。

3.1.4　三维数据的卷积运算

　　之前卷积运算的例子大多是以长、宽方向的二维数据为对象的，但是一般的图像都是以 RGB 组成的三维数据（包括宽、高以及通道数）。通道方向有多个卷积核的时候，会按通道进行输入特征图和卷积核的卷积运算，并将结果相加，从而得到输出结果（需要注意的是，在三维数据的卷积运算中，输入特征图和卷积核的通道数必须保持一致，即均为 3，通道的卷积核尺寸可以设置为任意值，但是同一个通道内的卷积核尺寸必须保持一致），如图 3-11 所示。

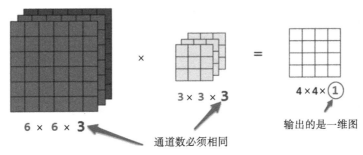

图 3-11　对三维数据进行卷积运算

　　我们将通道数设定为 C（表示通道数）、高度为 H（表示 Height）、长度为 W（表示 Width），这样输入特征图的尺寸可以表示为（C，H，W）。卷积核也遵循同样的规则，可以表示为（C，FH，FW），其中 F 代表的是 Filter（卷积核）。在图 3-6 所示的例子中，我们输出特征图的通道为 1，可以表示为（1，OH，OW）。如果希望输出多个通道，该如何做呢？如图 3-12 所示。

　　通过应用 FN 个卷积核（本例为 2 个），输出特征图也生成了 FN 个。如果将 FN 个输出特征图汇集在一起，就得到了尺寸为（FN，OH，OW）的矩阵，将这个矩阵传给下一层网络就是 CNN 的处理流。

　　作为四维数据，卷积核的权重数据要按（output_channel,input_channel,height,width）的顺序书写。比如输入通道数为 3，尺寸为（3，3）的卷积核有 2 个的时候，可以写成（2，3，3，3）。

　　每个通道只有一个偏置，这里偏置的尺寸是（FN，1，1），卷积核输出结果的尺寸是（*FN*，*OH*，*OW*），这两个方块相加的时候，要对卷积核的输出结果（*FN*，*OH*，*OW*）加上与通道数相同的偏置值，最后得到输出特征图（*FN*，*OH*，*OW*）。

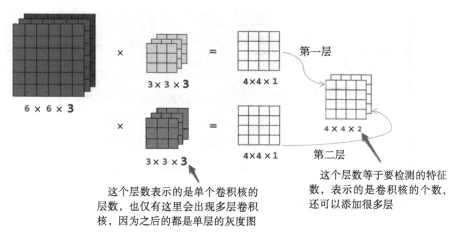

图 3-12　基于多个卷积核的卷积运算

3.1.5　批规范化层

批规范化层是 2015 年 Ioffe 和 Szegedy 等人提出的想法，目标是加速神经网络的收敛过程，提高训练过程中的稳定性。深度学习的训练过程始终需要精心调试，比如设置初始化参数、使用较小的学习率等。批规范化层在后面很多实验中被证明非常有效。

如图 3-13 所示，当没有进行数据批规范化处理时，数据的分布是任意的，那么就会有大量数据处在激活函数的敏感区域外，而如果进行了数据批规范化处理，相对来说数据的分布就比较均衡了。

了解了批规范化的基本思想之后，我们再来了解批规范化的具体处理流程。在用卷积神经网络处理图像数据时，往往是几张图像同时输入网络中进行前向计算，误差也是该批次中所有图像的误差累计起来一起回传。批规范化方法其实就是对一个批次中的数据进行如下归一化处理。

$$\hat{x}^{(k)} = \frac{x^k - \mathrm{E}(x^k)}{\sqrt{\mathrm{Var}(x^k)}}$$

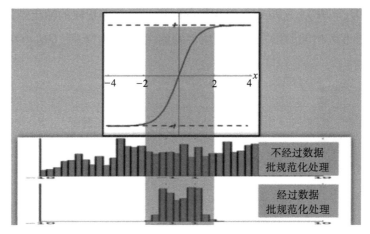

图 3-13　数据批规范化与没有批规范化的区别

批规范化处理流程是什么样的呢？先看论文中的描述，如图 3-14 所示。

$$\mu\beta \leftarrow \frac{1}{m}\sum_{i=1}^{m} x_i$$

$$\sigma_\beta^2 \leftarrow \frac{1}{m}\sum_{i=1}^{m} (x_i - \mu\beta)^2$$

$$\hat{x}_i \leftarrow \frac{x_i - \mu\beta}{\sqrt{\sigma_\beta^2 + \epsilon}}$$

$$y_i \leftarrow \gamma\hat{x}_i + \beta \equiv \mathrm{BN}_{\gamma,\beta}(x_i)$$

图 3-14　批规范化处理流程

第 1 步，获得一个小批次的输入 $\beta=\{x_1,\cdots,x_m\}$。可以看出批次大小就是 m。

第 2 步，求这个批次的均值 μ 和方差 σ。

第 3 步，对所有 x_i 进行标准化处理，得到 $\hat{x}$。这里的 ε 是一个很小的数，用于避免因分母等于 0 带来的系统错误。

第 4 步，对 $\hat{x}$ 做线性变换，得到输出 y_i。

在第 4 步中，γ 和 β 是可学习的。我们获得一个关于 y 轴对称的分布真的是最符合神经网络训练的吗？没有任何证据能证明这点。事实上，γ 和 β 为输出的线性调整参数，可以让分布曲线压缩或延长一点，上移或下移一点。由于 γ 和 β 是可训练的，意味着神经网络会随着训练过程自己挑选一个最适合的分布。如果我们固执地不用 γ 和 β 会怎么样呢？那势必会把压力转移到特征提取层，虽然最后的结果依然可观，但训练压力会很大：一边只需要训练两个数，另一边需要训练特征提取层来符合最优分布。显然前者的训练成本更低。

批规范化处理通常用在卷积层之后，激活函数之前。虽然批规范化也不一定用在卷积层之后，但用在激活函数之前是必需的（这样才能发挥它的作用）。

批规范化处理会在训练过程中调整每层网络输出数据的分布，使其更合理地进入激活函数的作用区。激活函数的作用区是指原点附近的区域，梯度弥散率低、区分率高。

批规范化具有加速收敛的特点，这是因为不必训练神经网络适应数据的分布，所以减少了 epoch 轮数。批规范化完美地使用了激活函数对数据进行修剪，减少了梯度弥散。同时，学习率也可以大一点。

3.1.6　Dropout 层

Dropout 可以看作一种模型平均。所谓模型平均，顾名思义，就是把来自不同模型的估计或者预测通过一定的权重进行平均，在一些文献中也称为模型组合，一般包括组合估计和组合预测。

Dropout 出现的原因

在机器学习模型中，如果模型的参数太多，而训练样本又太少，训练出来的模型很容易产生过拟合现象。在训练神经网络的时候经常会遇到过拟合的问题，具体表现在：模型在训练数据上损失函数较小、预测准确率较高，而在测试数据上损失函数较大、预测准确率较低。

过拟合是很多机器学习模型的通病。如果模型过拟合，那么得到的模型基本不能用。为了解决过拟合问题，一般会采用模型集成的方法，即训练多个模型进行组合。此时，又出现了训练模型的耗时问题，不仅训练多个模型很费时，测试多个模型也费时。

Dropout 可以作为训练深度神经网络的一项秘密武器。在每次训练中，忽略一半特征检测器（让一半的隐层节点值为 0），可以明显减少过拟合现象。这种方式可以减少特征检测器之间的相互作用。检测器之间的相互作用是指某些检测器只有依赖其他检测器才能发挥作用。

Dropout 说简单一点就是在前向传播的时候，让某个神经元的激活值以一定的概率 p（通常为 0.5，即一半的神经元）停止工作，这样可以使模型的泛化性更强，因为它不会太依赖某些局部的特征，如图 3-15 所示。

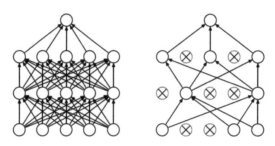

图 3-15   标准神经网络（左）与 Dropout（右）的对比

Dropout 能体现不同模型的奥秘在于我们随机选择被忽略的隐层节点。在每个批次的训练过程中，因为每次随机忽略的隐层节点不同，所以每次训练的网络都是不一样的，每次训练都可以算作一个新的模型。此外，隐含节点都是以一定概率随机出现的，不能保证每两个隐含节点每次都同时出现，这样权值的更新不再依赖有固定关系的隐含节点的共同作用，避免了某些特征仅在特定特征下才有效果的情况。

Dropout 是一个非常有效的神经网络模型平均方法，通过训练大量不同的网络，得到平均预测概率。不同的模型在不同的训练集上训练（每个批次的训练数据都是随机选择的），最后在每个模型上用相同的权重来融合。

3.2   本章小结

从本章开始，我们正式进入卷积神经网络的学习中。卷积层作为特征提取的主要网络层，在网络的构建过程中应用最为广泛；批规范化层作为归一化层，经常与卷积层成对出现，能够有效加速模型的收敛；池化层作为降采样层，能够缩减特征图的维度、降低噪声；Dropout 层用于避免过拟合。

第 4 章

数据预处理

在深度学习中，一般算法要求有充足的样本数量。样本数量越多，训练出来的模型效果越好，模型的泛化能力就越强。一般做目标检测项目，会要求每一种待检测目标至少包含 1000 张图像素材。在实际项目中，样本数量不足或者一部分样本拍摄质量没有达到算法要求，就需要对样本进行数据增强处理，以提高样本质量。

4.1 数据增强

数据增强是指在训练模型的过程中，自动对数据样本进行一些操作，实现输出图像多样化。数据增强的作用主要体现在缓解过拟合上。

在实际应用中，假设我们想开发 AI 瑕疵质检平台代替人工检测，但是产品的生命周期非常短（不断迭代更新，迎合市场需要），工厂制造产品采用多种类、少批次的模式。训练集的瑕疵图像很少，而我们又不能采用迁移学习（因为没有这样的预训练模型和参数可供迁移），同时网络结构还比较复杂。那么在这种情况下，数据增强可以在训练模型的时候，在每个 epoch 中通过各种处理输出多样化的数据，达到增加数据量的目的，提升模型的泛化能力，缓解过拟合现象。

训练一个 epoch 表示训练全部样本一次并更新一次模型参数。在 epoch 开始训练时，数据增强就会发挥作用。举个例子，图像在训练不同 epoch 的时候，内容可能会有区别，比如剪裁的区域不同、旋转的角度不同等，这就是数据增强能够增加训练样本的原因。

数据增强的常用方法被集成在 PyTorch 深度学习框架的 torchvision 库中，常用的数据增强方法如下。

1）对图像进行一定比例的缩放。

2）对图像进行随机位置的截取。

3）对图像进行随机的水平和竖直翻转。

4）对图像进行随机角度的旋转。

5）对图像进行亮度、对比度和颜色的随机变化。

4.1.1　resize 操作

resize 操作就是对图像进行一定比例的缩放。一般情况下，虽然用户准备的图像大小不一，但是在训练模型的过程中，图像分类任务通常都是需要宽高相等的，这个时候就需要进行 resize 操作了。调用 Torchvision.transforms.Resize() 方法，参数 1 表示缩放图像大小，可以为 tuple，参数 2 表示缩放方法默认为双线性差值，示例代码如下。

```
import matplotlib.pyplot as plt
import torchvision.transforms as T
from PIL import Image
path = ["/home/dataset_kaggledogvscat/train/cat.5585.jpg"]
for index,p in enumerate(path):
    plt.subplot(2,2,1+index) #绘制第 2 行 2 列的第一个图，绘制第 2 行 2 列的第二个图
    img_array = Image.open(p)
    print('原图像的尺寸为 ',img_array.size) #原图像尺寸
    new_img_array = T.Resize((224,224))(img_array)
    print('resize 之后的图像尺寸为 ',new_img_array.size) #resize 操作之后的图像尺寸
    plt.imshow(new_img_array)
```

输出结果为如下。

```
原图像的尺寸为 (320, 479)
```

resize 操作之后的图像尺寸为（224, 224），如图 4-1 所示。

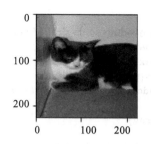

图 4-1   resize 操作之后的图像

4.1.2   crop 操作

crop 操作是从一张图像中剪裁出指定尺寸的图像。在 PyTorch 中可以对图像正中心进行给定大小的剪裁，也可以对图像进行给定大小的随机剪裁，示例代码如下。

```
import matplotlib.pyplot as plt
import torchvision.transforms as T
from PIL import Image
path = ["/home/dataset_kaggledogvscat/train/cat.5585.jpg"]
for index,p in enumerate(path):
    plt.subplot(2,2,1+index)
    img_array = Image.open(p)
    new_img_array=T.CenterCrop((224,224))(img_array)# 对图像正中心进行尺寸为（224，
        224）的剪裁
    plt.imshow(new_img_array)
```

输出结果如图 4-2 所示。

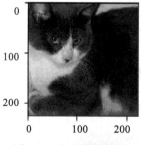

图 4-2   中心剪裁效果

对图像进行给定大小的随机剪裁示例代码如下。

```
import matplotlib.pyplot as plt
import torchvision.transforms as T
```

```
from PIL import Image
path = ["/home/dataset_kaggledogvscat/train/cat.5585.jpg"]
for index,p in enumerate(path):
    plt.subplot(2,2,1+index)
    img_array = Image.open(p)
    new_img_array = T.RandomCrop((224,224))(img_array) # 按照（224，224）的尺寸大
        小做随机剪裁
    plt.imshow(new_img_array)
```

输出结果是随机的，每次运行的效果不同，如图 4-3 所示。

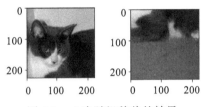

图 4-3   2 次随机剪裁的效果

4.1.3   随机的水平和竖直翻转

可以从实际业务角度决定训练图像采用哪一种方式随机翻转，代码如下。

```
import matplotlib.pyplot as plt
import torchvision.transforms as T
from PIL import Image
path = ["/home/dataset_kaggledogvscat/train/cat.5585.jpg"]
for index,p in enumerate(path):
    plt.subplot(2,2,1+index)
    img_array = Image.open(p)
    new_img_array = T.RandomHorizontalFlip()(img_array) # 随机水平翻转
    plt.imshow(new_img_array)
```

输出的结果是随机的，如图 4-4 所示。

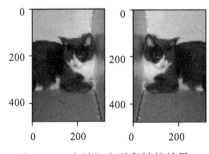

图 4-4   2 次随机水平翻转的效果

随机垂直翻转的代码如下。

```
import matplotlib.pyplot as plt
import torchvision.transforms as T
from PIL import Image
path = ["/home/dataset_kaggledogvscat/train/cat.5585.jpg"]
for index,p in enumerate(path):
    plt.subplot(2,2,1+index)
    img_array = Image.open(p)
    new_img_array = T.RandomVerticalFlip()(img_array) # 随机竖直翻转
    plt.imshow(new_img_array)
```

输出的结果是随机的，如图 4-5 所示。

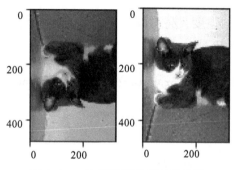

图 4-5　2 次随机竖直翻转的效果

4.1.4　随机角度的旋转

调用 torchvision.transforms.RandomRotation() 方法可以进行随机角度的旋转，其中参数为旋转的角度，比如参数为 45，则会随机在 −45° 到 +45° 之间进行旋转，代码如下。

```
import matplotlib.pyplot as plt
import torchvision.transforms as T
from PIL import Image
path = ["/home/dataset_kaggledogvscat/train/cat.5585.jpg"]
for index,p in enumerate(path):
    plt.subplot(2,2,1+index)
    img_array = Image.open(p)
    new_img_array = T.RandomRotation(45)(img_array)
    plt.imshow(new_img_array)
```

输出的结果是随机的，如图 4-6 所示。

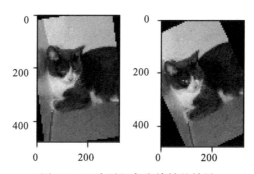

图 4-6 2 次随机角度旋转的效果

4.1.5 亮度、对比度和颜色的随机变化

亮度是指图像像素的强度，亮度越大，图像看起来越亮，反之则比较昏暗，变换亮度的方法调用代码如下。

```
torchvision.transforms.ColorJitter(brightness=0,contrast=0,saturation=0,h
    ue=0)
```

演示代码如下。

```
import matplotlib.pyplot as plt
import torchvision.transforms as T
from PIL import Image
path = ["/home/dataset_kaggledogvscat/train/cat.5585.jpg"]
for index,p in enumerate(path):
    plt.subplot(2,2,1+index)
    img_array = Image.open(p)
    new_img_array = T.ColorJitter(brightness=1)(img_array)
    plt.imshow(new_img_array)
```

如果传入参数 1，则亮度在 0 ~ 2 之间变化，如图 4-7 所示，比之前图要稍微亮一点。

对比度是指对图像中最亮的白与最暗的黑之间的亮度层级，差异范围越大代表对比度越大。简单来说，对比度越大，图像的像素值分布越广，图像色彩信息越丰富，调整对比度代码如下。

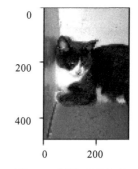

```
import matplotlib.pyplot as plt
```

图 4-7 调整亮度效果

```
import torchvision.transforms as T
from PIL import Image
path = ["/home/dataset_kaggledogvscat/train/cat.5585.jpg"]
for index,p in enumerate(path):
    plt.subplot(2,2,1+index)
    img_array = Image.open(p)
    new_img_array = T.ColorJitter(contrast=1)(img_array)
    plt.imshow(new_img_array)
```

如果传入参数 1，则对比度是在 0 ～ 2 之间变化。白色
部分更亮一点，猫咪的黑色毛发更黑，如图 4-8 所示。

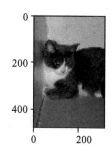

饱和度是指图像的色彩纯度，纯度越高则色彩越鲜明，
纯度越低则色彩越暗淡。调整饱和度与调整对比度的效果有
些相似，区别在于饱和度更强调色彩的鲜艳程度，对比度更
强调色彩的丰富程度。

图 4-8　调整对比度效果

在实际应用中，往往是多种数据增强方式结合使用，从而得到更加多样的数据。
数据增强有助于降低模型过拟合的风险，提升模型的泛化能力。

4.1.6　彩色图转灰度图

有时我们训练模型想避开色彩对特征提取的影响，这个时候我们会将彩色原图
先转为灰度图，然后再进行模型训练，代码如下。

```
import matplotlib.pyplot as plt
import torchvision.transforms as T
from PIL import Image
path = ["/home/dataset_kaggledogvscat/train/cat.5585.jpg"]
for index,p in enumerate(path):
    plt.subplot(2,2,1+index)
    img_array = Image.open(p)
    new_img_array = T.Grayscale()(img_array)
    trans=T.Compose([T.ToTensor()]) #PIL.Image.Image 转换成 Tensor
    a=trans(new_img_array)
    print(a.shape)
    plt.imshow(new_img_array)
```

输出结果如下。

```
torch.Size([1, 479, 320])
```

从输出的结果可以观察到，通道数变为 1，效果如图 4-9 所示。

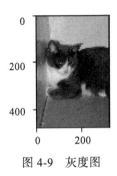

图 4-9　灰度图

4.2　数据的探索——Kaggle 猫狗大战

猫狗大战是 Kaggle 在 2013 年的一个图像分类比赛，在这个比赛中需要写一个算法来分辨目录中的图像是猫还是狗。当然，对于人类来说这个问题非常简单，对于机器而言还是非常困难的。

数据集可以在本书资源下载地址 https://www.kaggle.com/biaiscience/dogs-vs-cats 中获取，解压文件之后，我们发现猫和狗的图像是混合在一起的。Kaggle 猫狗数据集解压后分为 3 个文件 train.zip、test.zip 和 sample_submission.csv。

train 训练集包含 25000 张猫和狗的图像，猫和狗各占一半，猫狗数据集中的每张图像根据 type.num.jpg 的方式命名（其中有一些图像虽然人为标记了猫或狗，但图像内容不是猫也不是狗，比如猫王就被标记为猫，实际是美国著名的歌手）。

test 测试集包含 12500 张猫和狗的图像，每张图像根据 num.jpg 的方式命名，没有标定是猫还是狗。需要注意的是，测试集的编号从 1 开始，而训练集的编号是从 0 开始的。

我们先观察一下训练集图像中是否有尺寸异常的图像，通过库 matplotlib 和 opencv 观测训练集中每张图像的尺寸并且通过散点图的方式进行展示，下述代码是将图像的尺寸分别加入图像高度与宽度的数组中，为之后 matplotlib 展现提供数据基础。

```
# 导入 Kaggle 猫狗大战的数据
#shape 属性返回的是一个 tuple 元组，第一个元素表示图像的高度，第二个表示图像的宽度
import os
import cv2

heights = []  # 图像高度
widths = []  # 图像宽度
path = "/home/dataset_kaggledogvscat/train"
for p in os.listdir(path):
    img_path = os.path.join(path,p)
    img_array = cv2.imread(img_path)
    heights.append(img_array.shape[0])
    widths.append(img_array.shape[1])
```

使用 matplotlib 中的离散图观察尺寸异常值，代码如下。

```
# 导入 Kaggle 数据
#shape 返回的是一个 tuple 元组，第一个元素表示图像的高度，第二个表示图像的宽度
import os
import cv2
import matplotlib.pyplot as plt

plt.scatter(widths,heights)
plt.show()
```

如图 4-10 所示，有两张图像的尺寸出现异常（和大部分图像的距离较远）。

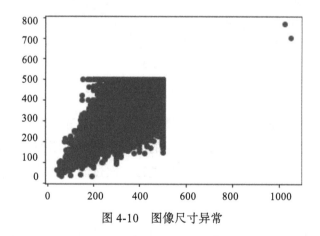

图 4-10　图像尺寸异常

通过下面的程序检测这两张异常图像的路径。

```
path = "/home/dataset_kaggledogvscat/train"
for p in os.listdir(path):
```

```
img_path = os.path.join(path,p)
img_array = cv2.imread(img_path)
height = img_array.shape[0]
width = img_array.shape[1]
if (height > 600 and width > 800):
    print(img_path)
```

通过 matplotlib 观测这两张异常图像是什么样子的。

```
import os
import cv2
import matplotlib.pyplot as plt

path
["/home/dataset_kaggledogvscat/train/dog.2317.jpg",'/home/dataset_
    kaggledogvscat/train/cat.835.jpg']
for index,p in enumerate(path):
    plt.subplot(221+index) #2 行 2 列的第一个图，2 行 2 列的第二个图
    img_array = cv2.imread(p)
    plt.imshow(img_array)
    plt.title('Abnormal image',fontsize=8)
```

运行结果如图 4-11 所示。

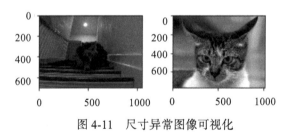

图 4-11　尺寸异常图像可视化

我们看到，图 4-11 两张尺寸异常的图像都是正常的猫狗图像，只是尺寸有别于其他图像。我们在粗略浏览训练集图像库的时候，可以观测到一些异常的图像。对于异常图像的判断，可以借助预训练模型进行一次过滤，之后再从疑似异常的图像中找到异常图像。

对于这些异常值，不可能人为地在 25000 张训练图像中一张一张检测，如何通过比较智能的方法自动检测异常图像呢？ ImageNet 数据集中包含有猫狗的具体分类，对一个图像在载有 ImageNet 预训练权值的 xception 模型上进行预测，如果其预测结果 top50 不包含猫狗真实的标签分类（图像预测值前 50 都没有正常分类），就将其视为异

常值，在输入模型之前，我们需要对数据集进行预处理：剔除训练集中的异常值。

定义预训练模型，本次模型我们采用 Resnet152，冻结 1～4 层的参数，只更新fc 层（神经网络层）的参数，代码如下。

```
import torchvision.models as models
import torch
device = torch.device('cuda') if torch.cuda.is_available() else torch.
    device('cpu')
model = models.resnet152(pretrained=True)
model.fc.out_features = 2
model.to(device)
```

读取猫狗图像，本例我们只读取了 train 目录下的数据，将数据分割为训练和测试数据集。

```
import os
import torch
import random
import torch.utils.data as data
import numpy as np
import torchvision.transforms as T
from PIL import Image
from PIL import ImageFile

ImageFile.LOAD_TRUNCATED_IMAGES = True # 在处理图像数据的时候，如果 Image.open() 报
    错，则不保存图像


class DogCat(data.Dataset):

    def __init__(self, root, transforms=None, train=False, test=False):
        '''
        目标：获取所有图像的地址，并根据训练、验证、测试划分数据
        '''
        self.test = test
        self.train = train
        imgs = [os.path.join(root, img) for img in os.listdir(root)]

        # train: /home/dataset_kaggledogvscat/train/cat.10004.jpg
        imgs = sorted(imgs, key=lambda x: int(x.split('.')[-2]))
        random.shuffle(imgs)   # 数据打散，进一步避免猫或狗的数据集中在一起
        imgs_num = len(imgs)
        # 划分训练、验证集，训练：验证 =8:2
        if self.train:
            self.imgs = imgs[:int(0.8*imgs_num)]
```

```
        if self.test:
            self.imgs = imgs[int(0.8*imgs_num):]
        if transforms is None:

            # 数据转换操作, 测试验证和训练的数据转换有所区别
            # 这里的 (0.485,0.456,0.406) 表示均值, 分别对应 RGB 三个通道; 后面的
                (0.229,0.224,0.225) 则表示方差
            # 上述均值和方差的值是 ImageNet 数据集计算出来的
            normalize = T.Normalize(mean = [0.485, 0.456, 0.406],
                                    std = [0.229, 0.224, 0.225])

            # 验证集
            if self.test:
            # 压缩图像的尺寸至 224 像素 ×224 像素, 并转化成 tensor 格式
                self.transforms = T.Compose([
                    T.RandomResizedCrop(224), # 输入图像的尺寸是 224×224
                    T.ToTensor(),# 数据值从 [0,255] 范围转为 [0,1], 相当于除以 255 的
                        操作
                    normalize
                ])
            # 训练集
            elif self.train:
                self.transforms = T.Compose([
                    T.RandomResizedCrop(224), # 输入图像的尺寸是 224×224
                    T.RandomHorizontalFlip(),
                    T.ToTensor(),
                    normalize
                ])


    def __getitem__(self, index):
        '''
        返回一张图像的数据
        对于验证集是训练集的一部分, 也有标签
        '''
        img_path = self.imgs[index]
        label = 1 if 'dog' in img_path.split('/')[-1] else 0
        data = Image.open(img_path)
        data = self.transforms(data)
        return data, label,img_path    # 需要返回图像的路径


    def __len__(self):
        return len(self.imgs)
```

之后我们将数据打包成 dataloader 以支持批次导入。

```
trainset=DogCat('/home/train',transforms=None,train=True,test=False)
trainloader=torch.utils.data.DataLoader(dataset = trainset,batch_
```

```
size=20,shuffle=True)
```

预训练模型最后输出类别为 1000 类（ImageNet 本身定义了 1000 个类别图像），我们需要训练当前猫狗的图像，使得参数能够更好地拟合图像，这样才能判断非猫非狗的图像的概率。

```
# 配置参数
from torch import nn
from torch.autograd import Variable
torch.manual_seed(1) # 设置随机数种子，确保结果可重复
learning_rate = 1e-3
optimizer = torch.optim.Adam(model.parameters(), lr=learning_rate)
criterion = nn.CrossEntropyLoss()
num_epoches = 50


for epoch in range(num_epoches):
    print('current epoch = %d' % epoch)
    for i, (images, labels,img_path) in enumerate(trainloader): # 利用 enumerate()
        方法取出一个可迭代对象的内容
        model.train()
        images = images.cuda()
        labels = labels.cuda()
        outputs = model(images) # 将数据集传入网络做前向计算
        loss = criterion(outputs, labels) # 计算损失值
        optimizer.zero_grad() # 在做反向传播之前，先清除网络状态
        loss.backward() # 损失值反向传播
        optimizer.step() # 更新参数
        if i % 100 == 0:
            print('current loss = %.5f' % loss.item())
print("finish training")
```

训练完毕后，我们先用训练好的模型判断测试集数据中疑似非猫非狗的图像，将这些图像的地址存放到 invalid_images 数组下，本例中我们将判断非猫非狗的概率阈值设置为 0.7（读者可以根据需求自行调整）。

测试的目的是检测所有的图像（25000 张），我们改写一下读取猫狗数据集的代码，如下所示。

```
import os
import torch
import random
import torch.utils.data as data
import numpy as np
import torchvision.transforms as T
```

```
from PIL import Image
from PIL import ImageFile

ImageFile.LOAD_TRUNCATED_IMAGES = True  # 在处理图像数据的时候，如果 Image.open() 方
    法报错，则不保存图像

class DogCat2(data.Dataset):

    def __init__(self, root, transforms=None, train=False, test=False):
        '''
        目标：获取所有图像的地址，并根据训练、验证、测试划分数据
        '''
        self.test = test
        self.train = train
        imgs = [os.path.join(root, img) for img in os.listdir(root)]

        # train: /home/dataset_kaggledogvscat/train/cat.10004.jpg
        imgs = sorted(imgs, key=lambda x: int(x.split('.')[-2]))
        random.shuffle(imgs)   # 数据打散，进一步避免猫或狗的数据集中在一起
        imgs_num = len(imgs)
        # 划分训练、测试集为整个数据集
        if self.train:
            self.imgs = imgs[:]
        if self.test:
            self.imgs = imgs[:]
        if transforms is None:
            # 这里的 (0.485,0.456,0.406) 表示均值，分别对应 RGB 三个通道；后面的
              (0.229,0.224,0.225) 则表示方差

            normalize = T.Normalize(mean = [0.485, 0.456, 0.406],
                                    std = [0.229, 0.224, 0.225])

            # 测试集
            if self.test:
            # 压缩图像的尺寸至 224 像素 ×224 像素，并转化成 tensor 格式
                self.transforms = T.Compose([
                    T.RandomResizedCrop(224),
                    T.ToTensor(),# 数据值从 [0,255] 范围转为 [0,1]
                    normalize
                ])
            # 训练集
            elif self.train:
                self.transforms = T.Compose([
                    T.RandomResizedCrop(224), #alexnet 的输入尺寸是 227×227
                    T.RandomHorizontalFlip(),
                    T.ToTensor(),
                    normalize
                ])
```

```
def __getitem__(self, index):
    '''
    返回一张图像的数据
    测试集是训练集的一部分，也有标签
    '''
    img_path = self.imgs[index]
    label = 1 if 'dog' in img_path.split('/')[-1] else 0
    data = Image.open(img_path)
    data = self.transforms(data)
    return data, label,img_path

def __len__(self):
    return len(self.imgs)
```

测试集封装到 dataloader 中。

```
testset2=DogCat2('/home/train',transforms=None,train=False,test=True)
testloader2=torch.utils.data.DataLoader(dataset=testset2,batch_size=1)  # 将
    batch_size 设为 1，较容易得到图像的路径
# 进行预测
import torch.nn.functional as F

invalid_images= []
for images, labels,img_path in testloader2:
    model.eval() # 测试模型
    images = images.to(device)
    labels = labels.to(device)
    outputs = model(images)
    outputs = F.softmax(outputs,dim=1) # 将预测出来的结果使用 softmax 变为 0 ~ 1 之间的值
    outputs = torch.max(outputs,1)# 取最大概率
    values,predicts = outputs
    for value in values: # 阈值设为 0.7，如果小于 0.7，表示概率过小，判断为疑似非猫、非
        狗的图像
        if(value <= 0.7):
            invalid_images.append(img_path)# 将疑似异常图像加入数组中保存
```

我们可以使用 print 语法输出当前 invalid_images 下有多少疑似异常图像。

```
print(len(invalid_images))
```

我们定义一个 Python 方法，将疑似异常图像复制到目标文件夹下，供人工再次审核。

```
def copyfile(srcfile,dstfile):
    if not os.path.isfile(srcfile):
        print("%s not exist!"%(srcfile))
    else:
        shutil.copyfile(srcfile,dstfile)          # 复制文件
```

```
        print("copy %s -> %s"%(srcfile,dstfile))

import os,shutil
for image in invalid_images:
    imagename = image[0].split('/')[-1]
    dstfile = '/home/invalid/'+imagename
    copyfile(image[0],dstfile)
```

我们可以看到，程序已经自动找到了一些非猫、非狗的图像，我们选取其中几个作为参考，之后将这些经过人工复审确认的图像手工剔除，最后进行数据的训练与测试，如图 4-12 所示。

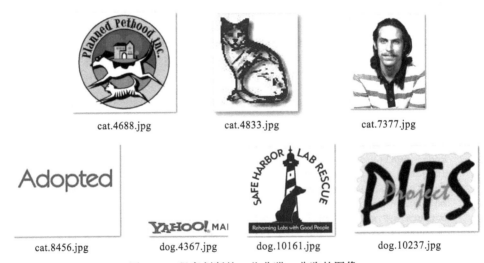

cat.4688.jpg　　　　　cat.4833.jpg　　　　　cat.7377.jpg

cat.8456.jpg　　dog.4367.jpg　　dog.10161.jpg　　dog.10237.jpg

图 4-12　程序判断的一些非猫、非狗的图像

4.3　本章小结

本章介绍了如何在 PyTorch 中使用图像增强技术，对图像进行各种操作，以生成数倍于原图像的增强图像集。这些数据集可帮助我们有效地对抗过拟合问题，增加算法的泛化能力，更好地生成理想的模型。

第 **5** 章

常见卷积神经网络结构

通过本章的学习，读者可以了解 CNN 的发展历程，我们将一起总结构建 CNN 的经验。工业界的很多图像算法模型会采用基于 ImageNet 数据集的预训练模型进行参数初始化，这样做不仅可以加快模型的收敛速度，还能有效降低因数据量小而带来的过拟合风险。

5.1 LeNet 神经网络

LeNet 是卷积神经网络的奠基人 Yann LeCun 在 1998 年提出的，用于解决手写数字识别的视觉任务。它的结构非常简单，我们通过这个简单的网络来学习时下最为流行的卷积神经网络结构。如今各大深度学习框架中使用的 LeNet 都是经过简化改进过的 LeNet-5，如今各大深度学习框架使用的 LeNet 都是经过简化改进的 LeNet-5。如图 5-1 所示，和原始的 LeNet 有些许不同，激活函数也从原来的 tanh 改为现在常用的 ReLU。

如今的 LeNet 网络与卷积层之后紧跟池化层再接 ReLU 层的套路不同，而是卷积层 1 → ReLU →池化层 1 →卷积层 2 → ReLU →池化层 2 再接全连接层，但卷积层后紧接池化层的模式依旧不变。在 PyTorch 中默认使用的 padding 模式是 valid 而不是 same（same 指的是输入特征图和输出特征图的尺寸保持一致，valid 模式的输出特征图经过滤波器后可能会变小）。我们手动加入 padding=2，这样可以使得输入维度与输出维度保持一致。

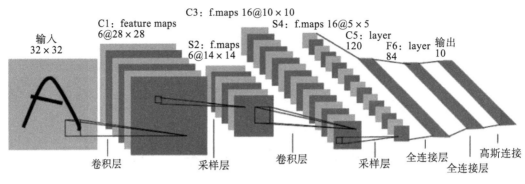

图 5-1　LeNet 网络模型

接着我们对经典的 LeNet 网络做深入分析。LeNet 包括卷积层和全连接层，卷积层用来识别图像里的特征，比如线条和物体的局部特征，之后的池化层用来降低卷积层对位置的敏感性。

卷积层的输出形状为（批次大小，通道，高，宽），当卷积层的输出传入全连接层的时候，全连接层会对每个样本做拉伸（flatten）处理。也就是说，全连接层的输入形状将变为二维，其中第一维是批次中的样本数，第二维是每个样本拉伸后的向量表示。

下面我们详细介绍一张（28，28）的图像经过 LeNet 网络是如何分类的。

1）输入为单通道（28，28）大小的图像，用矩阵表示就是（1，28，28）。

2）第一个卷积层 conv1 的卷积核尺寸为（5，5），滑动步长为 1，卷积核数目为 20，padding=2（为了保证输入与输出的特征图尺寸一致，需要手动设置 padding 的数值）。一般来说，填充是通过 (kernel_size-1)/2 计算得到的，那么经过该层后，图像尺寸仍为（28，28），输出矩阵为（20，28，28）。

3）第一个池化层 pool1 的卷积核尺寸为（2，2），滑动步长为 2，经过最大池化操作后，图像尺寸减半，变为（14，14），输出矩阵为（20，14，14）。

4）第二个卷积层 conv2 的卷积核尺寸为（5，5），滑动步长为 1，卷积核数目为 50，padding=2，卷积后图像尺寸不变，依然是（14，14），输出矩阵为（50，14，14）。

5）第二个池化层 pool2 的卷积核尺寸为（2，2），滑动步长为 2，经过最大池化操作后，图像尺寸减半，变为（7，7），输出矩阵为（50，7，7）。

6）pool2 后面接全连接层 fc1，作为全连接层的输入需要降低维度，输入为 $50 \times 7 \times 7=2450$，输出为神经元数目 500，再接 ReLU 激活函数。

7）全连接层 fc2，神经元个数为 10，得到 10 维的特征向量，用于 10 个数字的分类训练，送入 softmaxt 分类，得到分类结果的概率。

定义 LeNet 结构代码如下。

```python
# 创建 LeNet 模型
class Lenet(nn.Module):
    def __init__(self,in_dim,n_class):
        super().__init__()
        self.conv1 = nn.Sequential(
            nn.Conv2d(in_channels=in_dim, out_channels=20, kernel_size=5,
                stride=1, padding=2),
    # 想要第二个卷积层 con2d 卷积出来的图像尺寸不变，padding=(kernel_size-1)/2 nn.ReLU(),
            nn.MaxPool2d(kernel_size=2) # 步长默认和 kernel_size 相同
            )
        self.conv2 = nn.Sequential(
            nn.Conv2d(20, 50, 5, 1, 2),
            nn.ReLU(),
            nn.MaxPool2d(2)
            )

        layer3 = nn.Sequential()
        layer3.add_module('fc1',nn.Linear(2450,500))
        layer3.add_module('relu',nn.ReLU())
        layer3.add_module('fc2',nn.Linear(500,n_class))
        self.layer3 = layer3

    def forward(self, x):
        x = self.conv1(x)
        x = self.conv2(x)
        x = x.view(x.size(0), -1)
        output = self.layer3(x)
        return output
```

下面我们使用 LeNet 实现手写数字识别。我们使用的数据集是 Mnist 手写数字识别，PyTorch 官方提供了该数据集的调用接口。

```python
from torchvision import datasets, transforms
import torch
# batch 大小
batch_size = 64
```

```
# MNIST 数据集
# MNIST 数据集已经集成在 PyTorch 的 Datasets 库中，可以直接调用


train_dataset = datasets.MNIST(root='/data/mnist',
                               train=True,
                               transform=transforms.ToTensor(),
                               download=True)

test_dataset = datasets.MNIST(root='/data/mnist',
                              train=False,
                              transform=transforms.ToTensor())

train_loader = torch.utils.data.DataLoader(dataset=train_dataset,
                                           batch_size=batch_size,
                                           shuffle=True)

test_loader = torch.utils.data.DataLoader(dataset=test_dataset,
                                          batch_size=batch_size,
                                          shuffle=False)
```

模型的代码如下。

```
# 创建 LeNet 模型
from torch import nn
device = torch.device('cuda') if torch.cuda.is_available() else torch.
    device('cpu')
class Lenet(nn.Module):
    def __init__(self,in_dim,n_class):
        super().__init__()
        self.conv1 = nn.Sequential(
            nn.Conv2d(in_channels=in_dim, out_channels=20, kernel_size=5,
                stride=1, padding=2),
            nn.ReLU(),
            nn.MaxPool2d(kernel_size=2,stride=2) # 步长默认和 kernel_size 相同
            )
        self.conv2 = nn.Sequential(
            nn.Conv2d(20, 50, 5, 1, 2),
            nn.ReLU(),
            nn.MaxPool2d(2,2)
            )

        self.fc = nn.Sequential(
            nn.Linear(2450,500), # 50*7*7 = 2450
            nn.ReLU(),
            nn.Linear(500,n_class)
            )
```

```
def forward(self, x):
    x = self.conv1(x)
    x = self.conv2(x)
    x = x.view(x.size(0), -1)
    output = self.fc(x)
    return output
```

生成实例，输入为单通道 1，数字 0 ~ 9 表示 10 个分类。

```
model = Lenet(1,10)
model.to(device)
```

训练模型代码如下。

```
# 配置参数
torch.manual_seed(1) # 设置随机数种子，确保结果可重复
learning_rate = 1e-3 # 学习率设为 0.001
optimizer = torch.optim.Adam(model.parameters(), lr=learning_rate)  # 训练算法为
    Adam
criterion = nn.CrossEntropyLoss() # 损失函数为交叉熵损失函数
num_epoches = 10
for epoch in range(num_epoches):
    print('current epoch = %d' % epoch)
    for i, (images, labels) in enumerate(train_loader): # 取出一个可迭代对象的内容
        train_accuracy_total = 0
        train_correct = 0
        train_loss_sum = 0
        model.train()
        images = images.to(device)
        labels = labels.to(device)
        outputs = model(images) # 将数据集传入网络做前向计算
        loss = criterion(outputs, labels) # 计算损失值
        optimizer.zero_grad() # 在做反向传播之前先清除网络状态
        loss.backward() # 损失值反向传播
        optimizer.step() # 更新参数
        train_loss_sum += loss.item()
        _, predicts = torch.max(outputs.data, 1)
        train_accuracy_total += labels.size(0)
        train_correct += (predicts == labels).cpu().sum().item()
    test_acc = evaluate_accuracy(test_loader,model)
    print('epoch %d, loss %.4f, train accuracy %.3f, test accuracy %.3f' %
        (epoch,train_loss_sum/batch_size,train_correct/train_accuracy_
            total,test_acc))
print("finish training")
```

测试模型代码如下。

```
def evaluate_accuracy(data_iter,model):
    total=0
    correct=0
    with torch.no_grad():
        for images,labels in data_iter:
            model.eval()
            images = images.to(device)
            labels = labels.to(device)
            outputs = model(images)
            _, predicts = torch.max(outputs.data, 1)
            total += labels.size(0)
            correct += (predicts == labels).cpu().sum()
    return 100 * correct / total
```

最后可以观察到，模型训练的准确率非常高，基本在 99% 左右。

5.2　AlexNet 神经网络

虽然 LeNet 在 Mnist 数据集上的表现非常好，但是在更大的真实数据集上的表现就没那么出色了，一直到 2012 年 AlexNet 横空出世。本节介绍神经网络的坚守者 Hinton 在 2012 年和他的学生 Alex Krizhevsky 设计的 AlexNet 神经网络，该模型拿到了当年 ImageNet 竞赛的冠军，并从此掀起了一波深度学习的热潮。

ImageNet 是李飞飞团队创建的用于图像识别的大型数据库，包含超过 1400 万张带标记的图像。2010 年以来，ImageNet 每年举办一次图像分类和物体检测比赛——ILSVRC。图像分类比赛中有 1000 个不同类别的图像，每个类别有 200 ～ 1000 张不同源的图像。

回到 AlexNet，先看其网络结构，如图 5-2 所示。

AlexNet 主要由 5 个卷积层和 3 个全连接层组成，最后一个全连接层通过 softmax 产生的结果作为输入图像在 1000 个类别（ILSVRC 图像分类比赛有 1000 个类别）上的得分。

以输入一个（227, 227, 3）的图像（长和宽均为 227 像素的彩色图，通道数为 3）为例，第一层卷积的卷积核大小为（11，11，3），由 96 个卷积核组成。所有卷积核以滑动步长为 4 滑过整张图像，根据卷积输出层分辨率计算公式（$W + 2 \times$ paddingkernel）/stride+1 可得出第一个卷积层输出层分辨率大小为 (227+2×0-11)/4+1=55。因此，不难得出第一层卷积最终输出尺寸为（55，55，96）。因为卷积层只有卷积核含有神经网络的参数，所以第一层卷积参数总量为 (11×11×3)×96=35000。以此类推，读者可根据图 5-2 中 AlexNet 的网络结构推导出对应输出的大小及相应的参数个数。

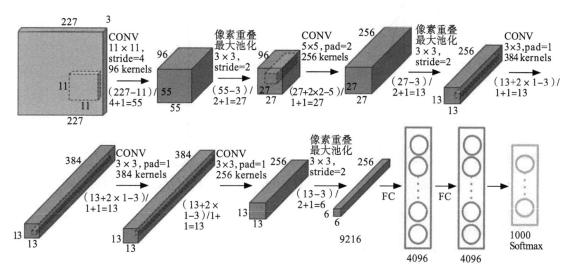

图 5-2　AlexNet 的网络结构

AlexNet 是第一个使用卷积神经网络在 ILSVRC 比赛中获得冠军的网络结构，它有如下两个特点。

1. 使用 ReLU 作为激活函数

为了加快深度神经网络的训练速度，AlexNet 将传统神经网络神经元激活函数 $f(x)=\tanh(x)$ 或 $f(x)=(1+e^{-x})^{-1}$ 改为 $f(x)=\max(0;x)$，即 ReLU。从图 5-3 可以看出，从一个含有 4 层卷积的神经网络上看，相比 tanh 函数，ReLU 的收敛速度快了好几倍。当训练误差同为 25% 时，ReLU 经过约 5 次迭代即可达到 tanh 迭代 35 次的效果。

2. 使用多种方法避免过拟合

经过分析可知，AlexNet 有超过 6 千万个参数，虽然 ILSVRC 比赛有大量训练数据，但仍很难完成数量如此庞大的参数训练，从而导致严重的过拟合问题。AlexNet巧妙地用下面两种方法处理了这个问题。

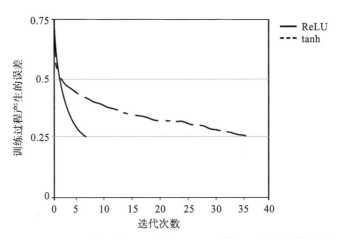

图 5-3　ReLU 与 tanh 作为激活函数在 4 层卷积神经网络中的收敛速度对比

（1）数据增强

在图像领域，避免过拟合最简单也最常用的方法就是增强数据集。这里介绍一些比较常见的数据增强方法。

1）对原始图像做随机裁剪。如原始输入图像尺寸为（256，256），训练时随机从（256，256）的图像上裁剪（224，224）的图像作为网络的输入。

2）一些其他常见的数据增强方法，如训练时对原始图像进行随机上下翻转、左右翻转、平移、缩放、旋转等，在实践中都有很好的效果，只是 AlexNet 中并没有全部用到。

（2）使用 dropout 方法

使用 dropout 方法一方面是为了避免模型过拟合，另一方面是使用更有效的方式进行模型融合。具体方法是在训练时让神经网络中每一个中间层神经元以一定的概率（比如 0.5）置为 0。当某个神经元被置为 0 时，它不会参与前向传播以及反向回传的计算。因此，每当有一个新的图像输入，就意味着网络随机采样出一个新的网络结构，而整个网络的权重一直是共享的。

从感性的角度讲，dropout 方法强迫神经网络学习出更稳定的特征（因为在训练过程中，随机屏蔽一些权重的同时要保证算法效果，所以学习出来的模型相对更加稳定）。预测时使用所有的神经元，但将其所有输出乘以 0.5。

2012 年，AlexNet 使用 8 层神经网络以 top1（指排名第一的类别与实际结果相符的准确率）分类误差 16.4% 的成绩摘得 ILSVRC 比赛桂冠。2013 年，ZFNet 在 AlexNet 的基础上做了超参的调整，使 top1 分类误差降到 11.7%，并成为新的冠军。ZFNet 将 AlexNet 的第一个卷积层从卷积核尺寸（11，11）、滑动步长 4 改为卷积核尺寸（7，7）、滑动步长 2；第 3 ～ 5 层卷积的卷积核个数分别从 384、384、256 改为 512、1024 和 512。2014 年，Simonyan 和 Zisserman 设计了层次更深并且卷积核更小的 VGGNet 模型，图 5-4 是分类比赛误差比较。

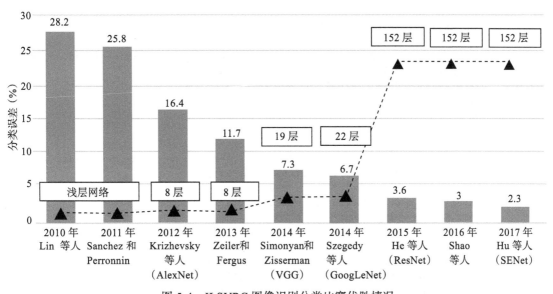

图 5-4　ILSVRC 图像识别分类比赛优胜情况

AlexNet 实现的完整代码如下。

```
#AlexNet 版本
import torch.nn as nn
class Alexnet(nn.Module):
    def __init__(self,in_dim,n_class):
        super().__init__()
        layer1 = nn.Sequential()
```

```
        layer1.add_module('conv1',nn.Conv2d(in_dim,96,11,stride=4,padding=0))
        layer1.add_module('bn1',nn.BatchNorm2d(96))
        layer1.add_module('relu1', nn.ReLU(True))
        layer1.add_module('pool1',nn.MaxPool2d(3, 2))
        self.layer1 = layer1

        layer2 = nn.Sequential()
        layer2.add_module('conv2',nn.Conv2d(96,256,5,stride=1,padding=2))
        layer2.add_module('bn2',nn.BatchNorm2d(256))
        layer2.add_module('relu2', nn.ReLU(True))
        layer2.add_module('pool2',nn.MaxPool2d(3, 2))
        self.layer2 = layer2

        layer3 = nn.Sequential()
        layer3.add_module('conv3',nn.Conv2d(256,384,3,stride=1,padding=1))
        layer3.add_module('bn3',nn.BatchNorm2d(384))
        layer3.add_module('relu3', nn.ReLU(True))
        self.layer3 = layer3

        layer4 = nn.Sequential()

layer4.add_module('conv4',nn.Conv2d(384,384,kernel_size=3,stride=1,padding=1))
        layer4.add_module('bn4',nn.BatchNorm2d(384))
        layer4.add_module('relu4', nn.ReLU(True))
        self.layer4 = layer4

        layer5 = nn.Sequential()

layer5.add_module('conv5',nn.Conv2d(384,256,kernel_size=3,stride=1,padding=1))
        layer5.add_module('bn5',nn.BatchNorm2d(256))
        layer5.add_module('relu5', nn.ReLU(True))
        layer5.add_module('pool3',nn.MaxPool2d(3, 2))
        self.layer5 = layer5

        layer6 = nn.Sequential()
        layer6.add_module('fc1',nn.Linear(9216,4096))
        layer6.add_module('relu6', nn.ReLU(True))
        layer6.add_module('drop1', nn.Dropout(0.5))
        layer6.add_module('fc2',nn.Linear(4096,4096))
        layer6.add_module('relu7', nn.ReLU(True))
        layer6.add_module('drop2', nn.Dropout(0.5))
        layer6.add_module('fc3',nn.Linear(4096,n_class))
        self.layer6 = layer6

    def forward(self, x):
        x = self.layer1(x)
        x = self.layer2(x)
        x = self.layer3(x)
```

```
    x = self.layer4(x)
    x = self.layer5(x)
    x = x.view(x.size(0), -1) # 将（batch, 256,6,6）展平为（batch, 256×6×6）
    output = self.layer6(x)
    return output
```

下面我们使用 AlexNet 实现 Cifar10 分类。本例我们使用的数据集是 Cifar10 分类，PyTorch 官方提供了该数据集的调用接口，我们针对数据集做了一些数据增强，代码如下。

```
from torchvision import datasets, transforms as T
import torch
# batch 大小
batch_size = 64

train_transform = T.Compose([
    T.Resize((227,227)),
    T.RandomHorizontalFlip(0.5),
    T.ToTensor()
])
test_transform = T.Compose([
    T.Resize((227,227)),
    T.ToTensor()
])
# Cifa10 数据集
# Cifa10 数据集已经集成在 PyTorch Datasets 库中，可以直接调用


train_dataset = datasets.CIFAR10(root='/data/cifar10',
                                 train=True,
                                 transform=train_transform,
                                 download=True)

test_dataset = datasets.CIFAR10(root='/data/cifar10',
                                train=False,
                                transform=test_transform)

train_loader = torch.utils.data.DataLoader(dataset=train_dataset,
                                           batch_size=batch_size,
                                           shuffle=True)

test_loader = torch.utils.data.DataLoader(dataset=test_dataset,
                                          batch_size=batch_size,
                                          shuffle=False)
```

创建 AleNet 模型的代码如下。

```python
# 创建 AlexNet 模型
from torch import nn
device = torch.device('cuda') if torch.cuda.is_available() else torch.
    device('cpu')

import torch.nn as nn
class Alexnet(nn.Module):
    def __init__(self,in_dim,n_class):
        super().__init__()
        self.conv = nn.Sequential(
            nn.Conv2d(in_dim,96,11,stride=4,padding=0),
            nn.BatchNorm2d(96),#增加了 BatchNormalization
            nn.ReLU(True),
            nn.MaxPool2d(3, 2),

            nn.Conv2d(96,256,5,stride=1,padding=2),
            nn.BatchNorm2d(256),
            nn.ReLU(True),
            nn.MaxPool2d(3, 2),

            nn.Conv2d(256,384,3,stride=1,padding=1),
            nn.BatchNorm2d(384),
            nn.ReLU(True),

            nn.Conv2d(384,384,kernel_size=3,stride=1,padding=1),
            nn.BatchNorm2d(384),
            nn.ReLU(True),

            nn.Conv2d(384,256,kernel_size=3,stride=1,padding=1),
            nn.BatchNorm2d(256),
            nn.ReLU(True),
            nn.MaxPool2d(3, 2)
        )

        self.fc = nn.Sequential(
            nn.Linear(9216,4096),
            nn.ReLU(True),
            nn.Dropout(0.5),
            nn.Linear(4096,4096),
            nn.ReLU(True),
            nn.Dropout(0.5),
            nn.Linear(4096,n_class)
        )

    def forward(self, x):
        x = self.conv(x)
        x = x.view(x.size(0), -1) # 将（batch，256,6,6）展平为（batch，256×6×6）
        output = self.fc(x)
        return output
```

生成实例如下。

```
model = Alexnet(3,10)
model.to(device)
```

训练测试之后，模型准确率为 85% 左右。在代码中我们没有使用预训练模型和参数，只是做了一些数据增强。

5.3　VGGNet 神经网络

2014 年，参加 ILSVRC 比赛的 VGG 队在 ImageNet 比赛中获得了亚军。VGGNet 的核心思想是利用较小的卷积核增加网络的深度，VGGNet 网络结构清晰简洁，虽然已经发表多年，但目前仍有非常广泛的应用。常用的 VGGNet 有 VGG16、VGG19 两种类型。VGG16 拥有 13 个核大小均为（3，3）的卷积层、5 个最大池化层和 3 个全连接层。VGG19 拥有 16 个核大小均为（3，3）的卷积层、5 个最大池化层和 3 个全连接层。

我们先来看下 VGGNet 的网络结构（只需要关注 D 和 E 两列），如图 5-5 所示。

卷积神经网络结构					
A	A-LRN	B	C	D	E
11 weight layers	11 weight layers	13 weight layers	16 weight layers	16 weight layers	19 weight layers
输入（224×224RGB 图像))					
conv3-64	conv3-64 LRN	conv3-64 conv3-64	conv3-64 conv3-64	conv3-64 conv3-64	conv3-64 conv3-64
最大池化层					
conv3-128	conv3-128	conv3-128 conv3-128	conv3-128 conv3-128	conv3-128 conv3-128	conv3-128 conv3-128
最大池化层					
conv3-256 conv3-256	conv3-256 conv3-256	conv3-256 conv3-256	conv3-256 conv3-256 conv1-256	conv3-256 conv3-256 conv3-256	conv3-256 conv3-256 conv3-256 conv3-256

图 5-5　VGG Net 的网络结构

最大池化层					
conv3-512 conv3-512	conv3-512 conv3-512	conv3-512 conv3-512	conv3-512 conv3-512 conv1-512	conv3-512 conv3-512 conv3-512	conv3-512 conv3-512 conv3-512 conv3-512
最大池化层					
conv3-512 conv3-512	conv3-512 conv3-512	conv3-512 conv3-512	conv3-512 conv3-512 conv1-512	conv3-512 conv3-512 conv3-512	conv3-512 conv3-512 conv3-512 conv3-512
最大池化层					
FC-4096					
FC-4096					
FC-1000					
soft-max					

图 5-5 （续）

VGGNet 有两种结构，分别为 16 层（见表 5-1）和 19 层。从图 5-5 中可以看出，在 VGGNet 结构中，所有卷积层的卷积核尺寸都只有（3，3）。VGGNet 中连续使用 3 组（3，3）卷积核（滑动步长为 1）是因为它和使用 1 个（7，7）卷积核产生的效果相同（图 5-6 以一维卷积为例，解释效果相同的原理）。然而更深的网络结构可以学习到更复杂的非线性关系，从而使模型的训练效果更好。该操作带来的另一个好处是减少参数数量，因为对于一个有 C 个卷积核的卷积层来说，原来的参数个数为 $7 \times 7 \times C$，而新的参数个数为 $3 \times (3 \times 3 \times C)$。

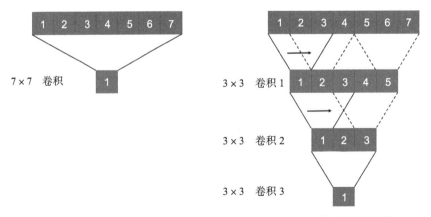

图 5-6　一维卷积中 3 组（3，3）与 1 组（7，7）卷积核的效果相同

表 5-1　VGG16 网络结构

输入尺寸	网络层	内存	参数
$[224 \times 224 \times 3]$	input	$224 \times 224 \times 3 = 150\text{K}$	0
$[224 \times 224 \times 64]$	CONV3-64	$224 \times 224 \times 64 = 3.2\text{M}$	$(3 \times 3 \times 3) \times 64 = 1728$
$[224 \times 224 \times 64]$	CONV3-64	$224 \times 224 \times 64 = 3.2\text{M}$	$(3 \times 3 \times 64) \times 64 = 36\,864$
$[112 \times 112 \times 64]$	POOL2	$112 \times 112 \times 64 = 800\text{K}$	0
$[112 \times 112 \times 128]$	CONV3-128	$112 \times 112 \times 128 = 1.6\text{M}$	$(3 \times 3 \times 64) \times 128 = 73\,728$
$[112 \times 112 \times 128]$	CONV3-128	$112 \times 112 \times 128 = 1.6\text{M}$	$(3 \times 3 \times 128) \times 128 = 147\,456$
$[56 \times 56 \times 128]$	POOL2	$56 \times 56 \times 128 = 400\text{K}$	0
$[56 \times 56 \times 256]$	CONV3-256	$56 \times 56 \times 256 = 800\text{K}$	$(3 \times 3 \times 128) \times 256 = 294\,912$
$[56 \times 56 \times 256]$	CONV3-256	$56 \times 56 \times 256 = 800\text{K}$	$(3 \times 3 \times 256) \times 256 = 589\,824$
$[56 \times 56 \times 256]$	CONV3-256	$56 \times 56 \times 256 = 800\text{K}$	$(3 \times 3 \times 256) \times 256 = 589\,824$
$[28 \times 28 \times 256]$	POOL2	$28 \times 28 \times 256 = 200\text{K}$	0
$[28 \times 28 \times 512]$	CONV3-512	$28 \times 28 \times 512 = 400\text{K}$	$(3 \times 3 \times 256) \times 512 = 1\,179\,648$
$[28 \times 28 \times 512]$	CONV3-512	$28 \times 28 \times 512 = 400\text{K}$	$(3 \times 3 \times 512) \times 512 = 2\,359\,296$
$[28 \times 28 \times 512]$	CONV3-512	$28 \times 28 \times 512 = 400\text{K}$	$(3 \times 3 \times 512) \times 512 = 2\,359\,296$
$[14 \times 14 \times 512]$	POOL2	$14 \times 14 \times 512 = 100\text{K}$	0
$[14 \times 14 \times 512]$	CONV3-512	$14 \times 14 \times 512 = 100\text{K}$	$(3 \times 3 \times 512) \times 512 = 2\,359\,296$
$[14 \times 14 \times 512]$	CONV3-512	$14 \times 14 \times 512 = 100\text{K}$	$(3 \times 3 \times 512) \times 512 = 2\,359\,296$
$[14 \times 14 \times 512]$	CONV3-512	$14 \times 14 \times 512 = 100\text{K}$	$(3 \times 3 \times 512) \times 512 = 2\,359\,296$
$[7 \times 7 \times 512]$	POOL2	$7 \times 7 \times 512 = 25\text{K}$	0
$[1 \times 1 \times 4096]$	FC	4096	$7 \times 7 \times 512 \times 4096 = 102\,760\,448$
$[1 \times 1 \times 4096]$	FC	4096	$4096 \times 4096 = 16\,777\,216$
$[1 \times 1 \times 1000]$	FC	1000	$4096 \times 1000 = 4\,096\,000$

VGG16 结合批量归一化方法实现的完整代码如下。

```
# 创建 VGG16 模型
from torch import nn
device = torch.device('cuda') if torch.cuda.is_available() else torch.
    device('cpu')

class VGG16(nn.Module):
    def __init__(self,in_dim,num_classes):
        super().__init__()
        self.features = nn.Sequential(
            nn.Conv2d(in_dim,64,kernel_size=3,padding=1),
            nn.BatchNorm2d(64),
            nn.ReLU(inplace=True),
            nn.Conv2d(64,64,kernel_size=3,padding=1),
            nn.BatchNorm2d(64),
            nn.ReLU(inplace=True),
```

```
                nn.MaxPool2d(kernel_size=2,stride=2),

                nn.Conv2d(64,128,kernel_size=3,padding=1),
                nn.BatchNorm2d(128),
                nn.ReLU(inplace=True),
                nn.Conv2d(128, 128, kernel_size=3, padding=1),
                nn.BatchNorm2d(128),
                nn.ReLU(inplace=True),
                nn.MaxPool2d(kernel_size=2,stride=2),

                nn.Conv2d(128, 256, kernel_size=3, padding=1),
                nn.BatchNorm2d(256),
                nn.ReLU(inplace=True),
                nn.Conv2d(256, 256, kernel_size=3, padding=1),
                nn.BatchNorm2d(256),
                nn.ReLU(inplace=True),
                nn.Conv2d(256, 256, kernel_size=3, padding=1),
                nn.BatchNorm2d(256),
                nn.ReLU(inplace=True),
                nn.MaxPool2d(kernel_size=2,stride=2),

                nn.Conv2d(256, 512, kernel_size=3, padding=1),
                nn.BatchNorm2d(512),
                nn.ReLU(inplace=True),
                nn.Conv2d(512, 512, kernel_size=3, padding=1),
                nn.BatchNorm2d(512),
                nn.ReLU(inplace=True),
                nn.Conv2d(512, 512, kernel_size=3, padding=1),
                nn.ReLU(inplace=True),
                nn.MaxPool2d(kernel_size=2,stride=2),

                nn.Conv2d(512, 512, kernel_size=3, padding=1),
                nn.BatchNorm2d(512),
                nn.ReLU(inplace=True),
                nn.Conv2d(512, 512, kernel_size=3, padding=1),
                nn.BatchNorm2d(512),
                nn.ReLU(inplace=True),
                nn.Conv2d(512, 512, kernel_size=3, padding=1),
                nn.BatchNorm2d(512),
                nn.ReLU(inplace=True),
                nn.MaxPool2d(kernel_size=2,stride=2)
        )

        self.classifier = nn.Sequential(
            nn.Linear(512*7*7,4096),
            nn.ReLU(inplace=True),
            nn.Dropout(),

            nn.Linear(4096,4096),
```

```
        nn.ReLU(True),
        nn.Dropout(),

        nn.Linear(4096,num_classes)
    )
    def forward(self, x):
        x = self.features(x)
        x = x.view(x.size(0),-1)
        x = self.classifier(x)
        return x
```

VGG19 的结构和 VGG16 类似，读者可以自行实现。上述 VGG16_BN 在 CIFAR10 分类这个数据集上训练 30 次的准确率可以达到 83%。

5.4　GoogLeNet 神经网络

GoogLeNet 专注于加深网络结构，同时引入了新的基本结构——Inception 模块，以增加网络的宽度。GoogLeNet 一共 22 层，没有全连接层，在 2014 年的 ImageNet 图像识别挑战赛中获得了冠军。

GoogLeNet 最初始的想法很简单，想要更好的预测效果，就要从网络深度和网络宽度两个角度出发增加网络的复杂度。但这个思路有两个较为明显的问题。首先，更复杂的网络意味着更多的参数，就算是 ILSVRC 这种有 1000 类标签的数据集也很容易过拟合。其次，更复杂的网络会消耗更多的计算资源，而且卷积核个数设计不合理，导致了卷积核中参数没有被完全利用（多数权重都趋近 0）时，会造成大量计算资源的浪费。

GoogLeNet 引入 inception 模块来解决上述问题，其中涉及大量的数学推导和原理，感兴趣的读者可查阅相关资料，这里以一种简单的方式解释 inception 设计的初衷。

首先，神经网络的权重矩阵是稀疏的，如果能将图 5-7 左边的稀疏矩阵和（2,2）的矩阵卷积转换成右边 2 个子矩阵和（2，2）矩阵做卷积的方式，就能大大降低计算量。那么，同样的道理，应用在降低卷积神经网络的计算量上就产生了图 5-8 所示的 inception 结构。在这个结构中，将 256 个均匀分布在（3，3）尺度的特征转换成多个不同尺度的聚类，这样可以使计算更有效，收敛更快。

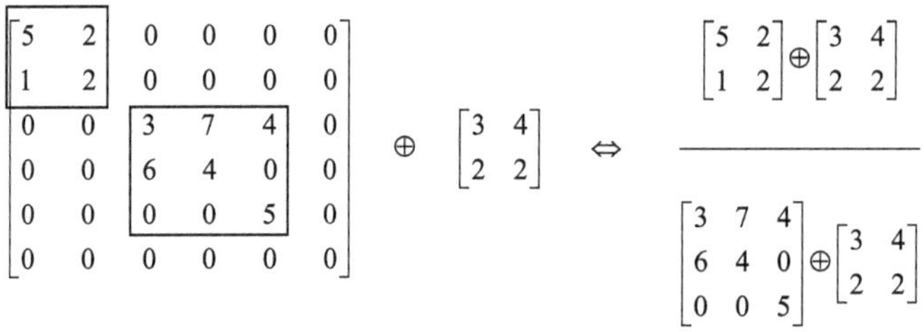

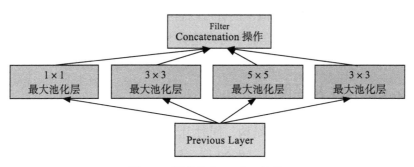

图 5-7　矩阵转换方式

图 5-8　简单的 inception 结构

但是，inception 结构仍然有较大的计算量，如表 5-2 所示。可以看出，对于最简单的 inception 结构而言，一个（28，28，256）的输入最终计算量约为 854M。

表 5-2　简单 inception 结构的计算量

输入尺寸	层	输出尺寸	计算量
$28 \times 28 \times 256$	$1 \times 1 \times 128$ conv	$28 \times 28 \times 128$	$28 \times 28 \times 128 \times 1 \times 1 \times 256$
	$3 \times 3 \times 192$ conv	$28 \times 28 \times 192$	$28 \times 28 \times 192 \times 3 \times 3 \times 256$
	$5 \times 5 \times 96$ conv	$28 \times 28 \times 96$	$28 \times 28 \times 96 \times 5 \times 5 \times 256$
	3×3 pool	$28 \times 28 \times 256$	

为了进一步减小计算量，Szegedy 等人引入小尺寸卷积核对 inception 结构进行降维，如图 5-9 所示。通过降维，原来一个（28，28，256）卷积核的输入计算量可以降低到 358M。

这里对图 5-9 做一些补充说明。不同大小的卷积核意味着不同大小的感受野，最后拼接意味着不同尺度特征的融合，使用（1，1）、（3，3）、（5，5）的卷积核是为了方便对齐，设定卷积步长为 1 之后，只需要分别设定填充的大小为 0、1、2，得到相同维度的特征，最后就可以将这些特征拼接在一起了。

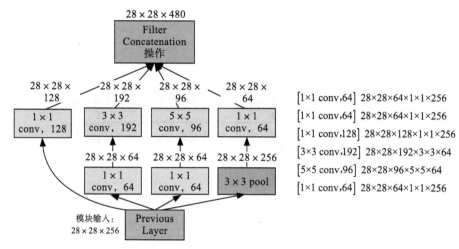

图 5-9　降维的 inception 结构及计算量推导

使用（1，1）的卷积核到底有什么作用呢?

答案是可以减小维度，并且修正线性激活函数。比如，上一层的输出为（100，100，128），经过具有 256 个通道的（5，5）卷积层之后（stride=1，padding=2），输出数据为（100，100，256）。其中，卷积层的参数为 $128 \times 5 \times 5 \times 256 = 819200$。而假如上一层输出先经过具有 32 个通道的（1，1）卷积层，再经过具有 256 个输出的（5，5）卷积层，那么输出数据仍为（100，100，256），但卷积参数量已经减少为 $128 \times 1 \times 1 \times 32 + 32 \times 5 \times 5 \times 256 = 204800$，大约减少了 4 倍。

除了 inception 结构，GoogleNet 的另外一个特点是主干网络部分使用了卷积网络，仅在最终分类使用全连接层。

下面我们实现 GoogleNet 模型的一个版本。

5.4.1　inception 模块

从图 5-10 中可以看出，inception 模块有 4 条并行的线路，前 3 条线路分别使用 1×1、3×3 和 5×5 的卷积核提取不同空间尺寸下的信息，中间 2 个线路会对输入做 1×1 卷积运算，以减少输入通道数，降低模型复杂度。第 4 条线路则使用 3×3 最大池化层，然后接 1×1 卷积核改变通道数。4 条线路都使用了合适的填充，使得输入与输出的特征图高和宽一致。最后我们将每条线路的输出在通道上合并，并输入到接下来的层中。

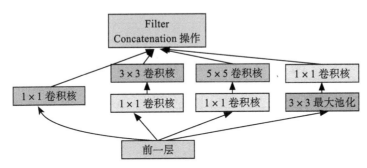

图 5-10　inception 模块结构

inception 模块的实现代码如下。

```python
import torch.nn as nn
import torch

def BasicConv2d(in_channels,out_channels,kernel_size,**kwargs):
    return nn.Sequential(
        nn.Conv2d(in_channels=in_channels,out_channels=out_channels, kernel_
            size=kernel_size, stride=1,padding=kernel_size//2),
        nn.BatchNorm2d(out_channels),
        nn.ReLU(inplace=True)
    )

class InceptionV1Module(nn.Module):
    def __init__(self, in_channels,out_channels1, out_channels2reduce,out_
        channels2, out_channels3reduce, out_channels3, out_channels4):
        super().__init__()
        # 线路 1，单个 1×1 卷积层
        self.branch1_conv = BasicConv2d(in_channels=in_channels,out_
            channels=out_channels1,kernel_size=1)
        # 线路 2，1×1 卷积层后接 3×3 卷积层
        self.branch2_conv1 = BasicConv2d(in_channels=in_channels,out_
            channels=out_channels2reduce,kernel_size=1)
        self.branch2_conv2 = BasicConv2d(in_channels=out_channels2reduce,out_
            channels=out_channels2,kernel_size=3)
        # 线路 3，1×1 卷积层后接 5×5 卷积层
        self.branch3_conv1 = BasicConv2d(in_channels=in_channels,out_
            channels=out_channels3reduce, kernel_size=1)
```

```
        self.branch3_conv2 = BasicConv2d(in_channels=out_channels3reduce, out_
            channels=out_channels3, kernel_size=5)
        # 线路 4, 3×3 最大池化层后接 1×1 卷积层
        self.branch4_pool = nn.MaxPool2d(kernel_size=3,stride=1,padding=1)
        self.branch4_conv1 = BasicConv2d(in_channels=in_channels, out_
            channels=out_channels4, kernel_size=1)

    def forward(self,x):
        out1 = self.branch1_conv(x)
        out2 = self.branch2_conv2(self.branch2_conv1(x))
        out3 = self.branch3_conv2(self.branch3_conv1(x))
        out4 = self.branch4_conv1(self.branch4_pool(x))
        out = torch.cat([out1, out2, out3, out4], dim=1)
        return out
```

5.4.2　GoogLeNet 的实现

GoogLeNet 的结构非常完整，如图 5-11 所示。

图 5-11 中 #3×3 reduce、#5×5 reduce 表示在 3×3、5×5 的卷积操作之前使用了（1，1）卷积操作。这里的代码实现增加了批归一化处理，原始输入图像尺寸为（224，224，3），且都进行了零均值化的预处理操作（图像每个像素减去均值）。

GoogLeNet 的第一个模块使用了一个 64 通道、卷积核尺寸为（7，7）的卷积层，滑动步长为 2，填充为 3，其输出尺寸为（112，112，64），卷积后进行 ReLU 操作。经过（3，3）的最大池化操作后（滑动步长为 2），输出尺寸为（56，56，64）。

```
nn.Conv2d(in_dim,64,kernel_size=7,stride=2,padding=3),
nn.BatchNorm2d(64),
nn.ReLU(True),
nn.MaxPool2d(kernel_size=3, stride=2,padding=1),
```

第二个模块使用两个卷积层，首先经过 64 通道的（1，1）卷积层；然后经过 192 通道的（3，3）卷积层，对应的是 inception 模块中从左到右的第二条线路。

```
nn.Conv2d(64,64,kernel_size=1),
nn.Conv2d(64,192,kernel_size=3,padding=1),
nn.BatchNorm2d(192),
nn.ReLU(True),
nn.MaxPool2d(3, 2,padding=1);
```

type	patch size/stride	output size	depth	#1 × 1	#3 × 3 reduce	#3 × 3	#5 × 5 reduce	#5 × 5	pool proj	params	ops
convolution	7 × 7/2	112 × 112 × 64	1							2.7K	34M
max pool	3 × 3/2	56 × 56 × 64	0								
convolution	3 × 3/1	56 × 56 × 192	2		64	192				112K	360M
max pool	3 × 3/2	28 × 28 × 192	0								
inception (3a)		28 × 28 × 256	2	64	96	128	16	32	32	159K	128M
inception (3b)		28 × 28 × 480	2	128	128	192	32	96	64	380K	304M
max pool	3 × 3/2	14 × 14 × 480	0								
inception (4a)		14 × 14 × 512	2	192	96	208	16	48	64	364K	73M
inception (4b)		14 × 14 × 512	2	160	112	224	24	64	64	437K	88M
inception (4c)		14 × 14 × 512	2	128	128	256	24	64	64	463K	100M
inception (4d)		14 × 14 × 528	2	112	144	288	32	64	64	580K	119M
inception (4e)		14 × 14 × 832	2	256	160	320	32	128	128	840K	170M
max pool	3 × 3/2	7 × 7 × 832	0								
inception (5a)		7 × 7 × 1 024	2	256	160	320	32	128	128	1 072K	54M
inception (5b)		7 × 7 × 1 024	2	384	192	384	48	128	128	1 388K	71M
avg pool	7 × 7/1	1 × 1 × 1 024	0								
dropout (40%)		1 × 1 × 1 024	0								
linear		1 × 1 × 1 000	1							1 000K	
softmax		1 × 1 × 1 000	0								1M

图 5-11 GoogLeNet 结构

第三个模块 inception(3a) 先经过（1，1，64）的卷积操作，得到输出特征图的尺寸为（28，28，64）并送入 ReLU 激活函数（尺寸不变）；接着经过（1，1，96）的卷积操作，得到尺寸为（28，28，96）的输出特征图并送入 ReLU 激活函数；然后经过（3，3，128）的卷积操作（padding=1），得到尺寸为（28，28，128）的输出特征图；再经过（1，1，16）的卷积操作，得到尺寸为（28，28，16）的输出特征图并送入 ReLU 激活函数；接下来经过（5，5，32）的卷积操作（padding=2），得到尺寸为（28，28，32）的输出特征图；又经过尺寸为（3，3）的最大池化操作 (padding=1) 后经过（1，1，32）的卷积操作，得到尺寸为（28，28，32）的输出特征图；最后将四个分支合并为 64+128+32+32=256，得到尺寸为（28，28，256）的输出特征图。

Inception(3b) 和 Inception(3a) 类似的计算过程，最后输出 480 通道。

```
InceptionV1Module(in_channels=192,out_channels1=64,
   out_channels2reduce=96,out_channels2=128,out_channels3reduce = 16,out_
      channels3=32,out_channels4=32),
InceptionV1Module(in_channels=256,out_channels1=128, out_channels2reduce=128,
      out_channels2=192,out_channels3reduce=32,out_channels3=96,out_
      channels4=64),
nn.MaxPool2d(kernel_size=3, stride=2, padding=1),
```

第四个模块更复杂一些，它串联了 5 个 inception 模块。

```
InceptionV1Module(in_channels=480,out_channels1=192,out_channels2reduce=96,
      outchannels2=208,out_channels3reduce=16,out_channels3=48,out_
      channels4=64),
InceptionV1Module(in_channels=512,out_channels1=160,out_channels2reduce=112,
      out_channels2=224,out_channels3reduce=24,out_channels3=64,out_
      channels4=64),
InceptionV1Module(in_channels=512,out_channels1=128,out_channels2reduce=128,
      out_channels2=256,out_channels3reduce=24,out_channels3=64,out_
      channels4=64),
InceptionV1Module(in_channels=512,out_channels1=112,out_channels2reduce=144,
      out_channels2=288,out_channels3reduce=32,out_channels3=64,out_
      channels4=64),
InceptionV1Module(in_channels=528,out_channels1=256,out_channels2reduce=160,
      out_channels2=320,out_channels3reduce=32,out_channels3=128,out_
      channels4=128),
nn.MaxPool2d(kernel_size=3, stride=2, padding=1),
```

第五个模块和上述模块类似，只是后面紧跟输出层，该模块需要使用平均池化层将每个通道的高和宽变成 1。

最后我们将输出变成二维数组后，接一个输出个数为标签类别数的全连接层。

```
InceptionV1Module(in_channels=832, out_channels1=256, out_channels2reduce=160,
    out_channels2=320,out_channels3reduce=32,out_channels3=128, out_
    channels4=128),
InceptionV1Module(in_channels=832,out_channels1=384, out_channels2reduce=192,
    out_channels2=384,out_channels3reduce=48,out_channels3=128, out_
    channels4=128),
nn.AvgPool2d(kernel_size=7,stride=1)
```

全连接层代码如下。

```
self.fc = nn.Sequential(
        nn.Dropout(0.4),
        nn.Linear(1024,n_class)
    )
```

经过 50 批训练，模型在 CIFAR10 分类上的准确率可以达到 90%。

5.4.3　GoogLeNet 的演变

接着我们简单介绍一下 GoogleNet 第二版到第四版的演变。

inception 第二版其实在网络结构上没有什么改动，只是在输入的时候增加了批标准化操作（batch_normal）。加入批标准化操作后，训练模型收敛更快，学习起来自然更高效。把 5×5 的卷积改成两个 3×3 卷积串联，因为一个 5×5 的卷积看起来像是一个 5×5 的全连接，所以直接用两个 3×3 的卷积替代，第一层是卷积层，第二层相当于全连接层，这样可以增加网络的深度，并且减少很多参数，如图 5-12 所示。

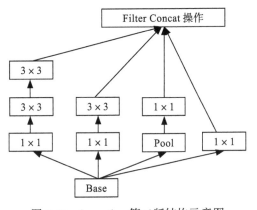

inception 第三版把 GoogLeNet 中的一些（7，7）卷积变成了（1，7）和（7，1）两层卷积串联；（3，3）的卷积也一样，变成了（1，3）和（3，1）两层卷积串联，这样做加速了计算，还增加了网络的非线性，减小过拟合的概率。另外，网络的输

图 5-12　inception 第二版结构示意图

入特征图尺寸从（224，224）改成了（299，299）。

inception 第四版是在上一版的基础上增加了 ResNet 方法及一些细微的改变（需要了解细节的读者可以直接查阅论文）。引入 ResNet 方法并不是为了提高深度和准确度的，只是用来提高训练速度。

5.5　ResNet

2015 年，何恺明提出了 152 层的 ResNet，以 top1 误差 3.6% 的图像识别记录获得了 2015 年 ILSVRC 比赛的冠军，这使得卷积神经网络有了真正的"深度"。ResNet 的提出具有革命性意义，为神经网络中因为网络深度导致梯度消失的问题提供了一个非常好的解决思路。

这里解释一下梯度消失问题，从前面提到的 AlexNet、VGGNet、GoogLeNet 可以看出，更深层次的网络可以带来更好的识别效果。那么，是不是网络结构越深、卷积层数量堆叠得越多越好呢？这里有个简单的实验，从图 5-13 中可以看出，56 层的卷积神经网络在训练和预测方面的误差都大于 20 层的网络，可以排除过拟合的干扰因素。产生这一结果的真实原因就是梯度消失（初始化网络权值 W 通常在 0 附近，因而会导致出现梯度消失的情况），下面我们简单看下原理。

图 5-13　一个 20 层和 56 层卷积神经网络中训练和预测过程误差情况

网络的损失函数为 F(X,W)，如式（5-1）所示，其反向传播的梯度值如式（5-2）所示。同样的原理，扩展到多层神经网络，如式（5-3）所示，其中 n 为神经网络的层数，最终根据链式法则可推导出在第 i 层的梯度，如式（5-4）所示。由此可以看出，随着误差的回传，使得前层网络的梯度越来越小。

$$\text{Loss}=F(X,W) \tag{5-1}$$

$$\frac{\partial \text{Loss}}{\partial X} = \frac{\partial F(X,W)}{\partial X} \tag{5-2}$$

$$\text{Loss} = F_n(X_n, W_n),\ L_n = F_{n-1}(X_{n-1}, W_{n-1}),\ \cdots,\ L_2 = F_1(X_1, W_1) \tag{5-3}$$

$$\frac{\partial \text{Loss}}{\partial X_i} = \frac{\partial F_n(X_n, W_n)}{\partial X_n} \times \cdots \times \frac{\partial F_2(X_{i+1}, W_{i+1})}{\partial X_i} \tag{5-4}$$

ResNet 各版本的网络结构如图 5-14 所示。

层名称	输出尺寸	18 层	34 层	50 层	101 层	152 层
conv1	112×112	7×7, 64, 步长为 2				
conv2_x	56×56	3×3 最大池化, 步长为 2				
conv2_x	56×56	$\begin{bmatrix}3\times3, 64\\3\times3, 64\end{bmatrix}\times2$	$\begin{bmatrix}3\times3, 64\\3\times3, 64\end{bmatrix}\times3$	$\begin{bmatrix}1\times1, 64\\3\times3, 64\\1\times1, 256\end{bmatrix}\times3$	$\begin{bmatrix}1\times1, 64\\3\times3, 64\\1\times1, 256\end{bmatrix}\times3$	$\begin{bmatrix}1\times1, 64\\3\times3, 64\\1\times1, 256\end{bmatrix}\times3$
conv3_x	28×28	$\begin{bmatrix}3\times3, 128\\3\times3, 128\end{bmatrix}\times2$	$\begin{bmatrix}3\times3, 128\\3\times3, 128\end{bmatrix}\times4$	$\begin{bmatrix}1\times1, 128\\3\times3, 128\\1\times1, 512\end{bmatrix}\times4$	$\begin{bmatrix}1\times1, 128\\3\times3, 128\\1\times1, 512\end{bmatrix}\times4$	$\begin{bmatrix}1\times1, 128\\3\times3, 128\\1\times1, 512\end{bmatrix}\times8$
conv4_x	14×14	$\begin{bmatrix}3\times3, 256\\3\times3, 256\end{bmatrix}\times2$	$\begin{bmatrix}3\times3, 256\\3\times3, 256\end{bmatrix}\times6$	$\begin{bmatrix}1\times1, 256\\3\times3, 256\\1\times1, 1\,024\end{bmatrix}\times6$	$\begin{bmatrix}1\times1, 256\\3\times3, 256\\1\times1, 1\,024\end{bmatrix}\times23$	$\begin{bmatrix}1\times1, 256\\3\times3, 256\\1\times1, 1\,024\end{bmatrix}\times36$
conv5_x	7×7	$\begin{bmatrix}3\times3, 512\\3\times3, 512\end{bmatrix}\times2$	$\begin{bmatrix}3\times3, 512\\3\times3, 512\end{bmatrix}\times3$	$\begin{bmatrix}1\times1, 512\\3\times3, 512\\1\times1, 2\,048\end{bmatrix}\times3$	$\begin{bmatrix}1\times1, 512\\3\times3, 512\\1\times1, 2\,048\end{bmatrix}\times3$	$\begin{bmatrix}1\times1, 512\\3\times3, 512\\1\times1, 2\,048\end{bmatrix}\times3$
	1×1	平均池化, 1000-d fc, softmax				
FLOPs		1.8×10^9	3.6×10^9	3.8×10^9	7.6×10^9	11.3×10^9

图 5-14　ResNet 各版本网络结构图

5.5.1　残差模块

为了解决神经网络过深导致的梯度消失问题，ResNet 巧妙地引入了残差结构，如图 5-15 所示，即把输出层 $H(X)=F(X)$ 改为 $H(X)=F(X)+X$，也就是从式（5-4）变为式（5-5），这样一来，就算网络结构很深，梯度也不会消失。

$$\frac{\partial X_{i+1}}{\partial X_i} = \frac{\partial X_i + \partial F\left(X_i, \; W_i\right)}{\partial X_i} = 1 + \frac{\partial F\left(X_{i+1}, \; W_{i+1}\right)}{\partial X_i} \qquad （5\text{-}5）$$

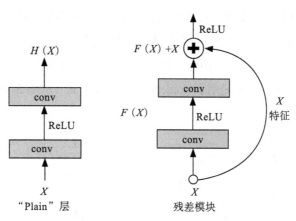

图 5-15　普通卷积层与残差卷积层

对于残差 $F(X)$ 要比原始期望映射 $H(X)$ 更容易优化，具体原因在论文中有解释。

残差模块实现代码如下。

```python
import torch.nn as nn
import torch
class ResidualBlock(nn.Module):
    def __init__(self, in_channels, out_channels, stride=1):
        super().__init__()
        self.conv1 = nn.Conv2d(in_channels, out_channels, kernel_
            size=3,padding=1,stride=stride)
        self.bn1 = nn.BatchNorm2d(out_channels)
        self.relu = nn.ReLU(inplace=True)
        self.conv2 = nn.Conv2d(out_channels, out_channels, kernel_
            size=3,padding=1,stride=stride)
        self.bn2 = nn.BatchNorm2d(out_channels)

    def forward(self, x):
        residual = x
        out = self.conv1(x)
        out = self.bn1(out)
        out = self.relu(out)
```

```
out = self.conv2(out)
out = self.bn2(out)

out += residual
out = self.relu(out)

return out
```

从 out+=residual 语句可以看出，网络将初始的 x 加到输出当中，形成残差结构。除残差结构外，ResNet 沿用了一些可以提升网络性能和效果的设计，如堆叠式残差结构。ResNet 网络深度有 34、50、101、152 等，对于 50 层以上的 ResNet，也借鉴了类似 GoogLeNet 的思想，在细节上使用了 bottleneck 的设计方式（从图 5-16 左图变为右图）。

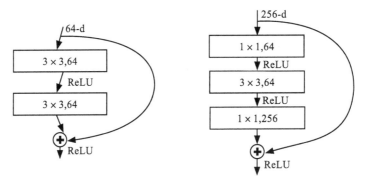

图 5-16 bottleneck 设计

5.5.2 ResNet 模型

在 PyTorch 中，ResNet 主要有 5 种变形：Res18、Res34、Res50、Res101、Res152。

通过 PyTorch 的 torchvision 模块创建 Res50，代码如下。

```
import torchvision.models as models
import torch
device = torch.device('cuda') if torch.cuda.is_available() else torch.
    device('cpu')
model = models.resnet50(pretrained=False) # 生成 resnet50 网络
model.to(device)
```

5.6 DenseNet

DenseNet 是 Huang 等人在 2017 年提出的，网络模块如图 5-17 所示。在 DenseNet

中，每一层都与其他层相关联，这样的设计大大减轻了梯度消失的问题。

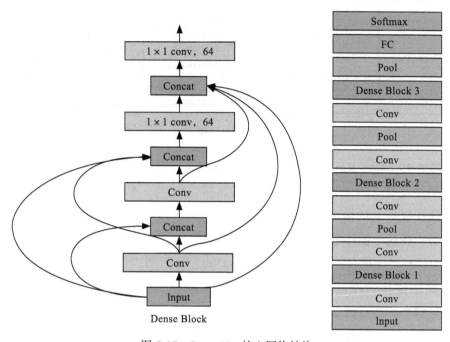

图 5-17　DenseNet 核心网络结构

DenseNet 各个网络结构如图 5-18 所示。

层名称	输出尺寸	DenseNet-121	DenseNet-169	DenseNet-201	DenseNet-264
Convolution	112 × 112	7 × 7 conv, stride 2			
Pooling	56 × 56	3 × 3 max pool, stride 2			
Dense Block (1)	56 × 56	$\begin{bmatrix}1\times1\,\text{conv}\\3\times3\,\text{conv}\end{bmatrix}\times6$	$\begin{bmatrix}1\times1\,\text{conv}\\3\times3\,\text{conv}\end{bmatrix}\times6$	$\begin{bmatrix}1\times1\,\text{conv}\\3\times3\,\text{conv}\end{bmatrix}\times6$	$\begin{bmatrix}1\times1\,\text{conv}\\3\times3\,\text{conv}\end{bmatrix}\times6$
Transition Layer (1)	56 × 56	1 × 1 conv			
	28 × 28	2 × 2 average pool, stride 2			
Dense Block (2)	28 × 28	$\begin{bmatrix}1\times1\,\text{conv}\\3\times3\,\text{conv}\end{bmatrix}\times12$	$\begin{bmatrix}1\times1\,\text{conv}\\3\times3\,\text{conv}\end{bmatrix}\times12$	$\begin{bmatrix}1\times1\,\text{conv}\\3\times3\,\text{conv}\end{bmatrix}\times12$	$\begin{bmatrix}1\times1\,\text{conv}\\3\times3\,\text{conv}\end{bmatrix}\times12$
Transition Layer (2)	28 × 28	1 × 1 conv			
	14 × 14	2 × 2 average pool, stride 2			

图 5-18　DenseNet 各个网络结构图

Dense Block (3)	14 × 14	$\begin{bmatrix} 1\times1\ conv \\ 3\times3\ conv \end{bmatrix}\times24$	$\begin{bmatrix} 1\times1\ conv \\ 3\times3\ conv \end{bmatrix}\times32$	$\begin{bmatrix} 1\times1\ conv \\ 3\times3\ conv \end{bmatrix}\times48$	$\begin{bmatrix} 1\times1\ conv \\ 3\times3\ conv \end{bmatrix}\times64$
Transition Layer (3)	14 × 14	1 × 1 cony			
	7 × 7	2 × 2 average pool, stride 2			
Dense Block (4)	7 × 7	$\begin{bmatrix} 1\times1\ conv \\ 3\times3\ conv \end{bmatrix}\times16$	$\begin{bmatrix} 1\times1\ conv \\ 3\times3\ conv \end{bmatrix}\times32$	$\begin{bmatrix} 1\times1\ conv \\ 3\times3\ conv \end{bmatrix}\times32$	$\begin{bmatrix} 1\times1\ conv \\ 3\times3\ conv \end{bmatrix}\times48$
Classification Layer	1 × 1	7 × 7 global average pool			
		1 000D fully-connected, softmax			

图 5-18 （续）

如图 5-19 所示，ResNet（左）与 DenseNet（右）在跨层连接上的主要区别是使用了相加和连接。这样模块 A 的输出可以直接传入模块 B 后面的层。在这个设计里，模块 A 直接跟模块 B 后面的所有层连接在一起。这也是 DenseNet 被称为稠密连接的原因，DenseNet 的主要构建模块是稠密块和过渡层。前者定义了输入和输出的连接方式，后者用来控制通道数，使之不过大。

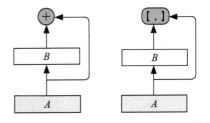

图 5-19　ResNet（左）与 DenseNet（右）

通过 PyTorch 的 torchvision 模块创建 densenet169，代码如下。

```
import torchvision.models as models
import torch
device = torch.device('cuda') if torch.cuda.is_available() else torch.device
    ('cpu')
model = models.densenet169(pretrained=False) # 生成 resnet50 网络
model.to(device)
```

至此，我们了解了 6 种基础的网络结构和设计网络。在 ResNet 之后，还出现了很多网络结构。

图 5-20 展示了不同网络结构可以达到的算法精度及内存消耗情况。与其他模型相比，VGGNet 计算量最多并且消耗的内存最大，GoogLeNet 是上述几种模型中计算量和内存消耗最小的模型。AlexNet 虽然计算量不高，但占用了较大的内存并且精度不高。不同大小的 ResNet 模型性能差异也较大，具体需要根据应用场景选择合适的模型。

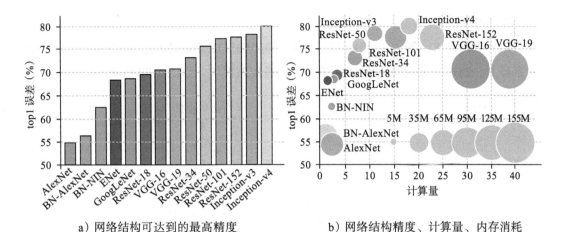

a）网络结构可达到的最高精度　　　　b）网络结构精度、计算量、内存消耗

图 5-20　不同网络结构性能对比

5.7　其他网络结构

1. Wide ResNet

　　Wide ResNet 是 Zagoruyko 等人于 2016 年提出的，他们认为残差结构比深度更重要，因此设计了更宽的残差模块，如图 5-21 所示。实验证明，50 层加宽残差网络比 152 层的原 ResNet 网络效果更好。

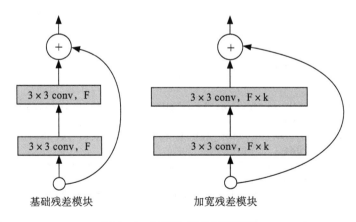

图 5-21　加宽的残差网络模块

2. ResNeXt

ResNeXt 是 Xie 等人于 2016 年提出的，与 Wide ResNet 不同，ResNeXt 在 ResNet 的基础上，通过增加 inception 个数的方式扩展残差模块，如图 5-22 所示。

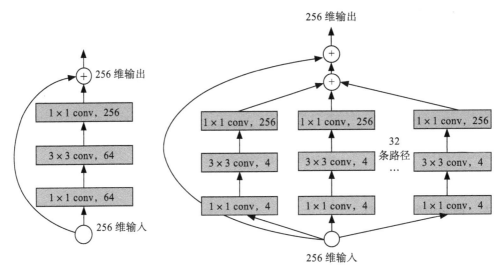

图 5-22   ResNeXt 网络模块

5.8   实战案例

本节结合上述常见卷积神经网络，使用 AlexNet 实现猫狗大战案例。此处不赘述数据的读取及预处理过程。

生成批次数据，代码如下。

```
trainset=DogCat('/home/dataset_kaggledogvscat/train',transforms=None,train=
    True,test=False)
testset=DogCat('/home/dataset_kaggledogvscat/train',transforms=None,train=
    False,test=True)
trainloader=torch.utils.data.DataLoader(dataset = trainset,batch_size=
    100,shuffle=True)
testloader=torch.utils.data.DataLoader(dataset=testset,batch_size=20)
```

定义 AlexNet 模型，打印每一层的输出形状，这里需要安装一个库，安装命令如下。

```
pip install torchsummary
```

然后使用 summary() 方法输出每一层形状。

```
from torchsummary import summary
model = Alexnet(3,2)   # 实例化一个网络
model.cuda()
summary(model, (3, 227, 227)) # 打印每一层的输出形状
```

接着训练模型，代码如下。

```
# 配置参数
from torch.autograd import Variable
torch.manual_seed(1) # 设置随机数种子，确保结果可重复
learning_rate = 1e-3
optimizer = torch.optim.Adam(model.parameters(), lr=learning_rate)
criterion = nn.CrossEntropyLoss()
num_epoches = 50
model.train()
for epoch in range(num_epoches):
    print('current epoch = %d' % epoch)
    for i, (images, labels) in enumerate(trainloader): # 利用 enumerate() 方法取
            出一个可迭代对象的内容
        images = Variable(images.cuda())
        labels = Variable(labels.cuda())
        outputs = model(images) # 将数据集传入网络做前向计算
        loss = criterion(outputs, labels)
        optimizer.zero_grad() # 在做反向传播之前先清除网络状态
        loss.backward() # 损失值反向传播
        optimizer.step() # 更新参数
        if i % 100 == 0:
                print('current loss = %.5f' % loss.item())
print("finish training")
```

最后我们在测试集上测试模型准确率。

```
# 进行测试
total = 0
correct = 0
model.eval() # 测试模型
for images, labels in testloader:
    images = Variable(images.cuda())
    labels = Variable(labels.cuda())
    outputs = model(images)
    _, predicts = torch.max(outputs.data, 1)
    total += labels.size(0)
    correct += (predicts == labels).cpu().sum()
print('Accuracy = %.2f' % (100 * correct / total))
```

结果显示准确率达到 91%, 训练效果比较一般, 如果使用迁移学习配合 AlexNet
可以达到更高的准确率, 读者可以自行尝试。

5.9 计算图像数据集的 RGB 均值和方差

在猫狗大战的案例中, 我们使用 ImageNet 数据集推荐的均值与方差做标准化处
理, 本节介绍如何计算自定义数据集的均值与方差。

在使用 torchvision.transforms 进行数据处理时, transforms.Normalize((0.485,0.456,
0.406), (0.229,0.224,0.225)) 中的 (0.485,0.456,0.406) 表示均值, 分别对应的是 RGB
三个通道; (0.229,0.224,0.225) 表示方差。这里的均值和方差是 ImageNet 数据集计算
出来的, 如果想要计算自己的数据集的均值和方差, 作为 transforms.Normalize 函数
的参数, 可以进行下面的操作。

首先获取图像路径, 代码如下。

```
ims_path='/home/train/'# 图像数据集的路径
ims_list=os.listdir(ims_path)
num_imgs = len(ims_list)
```

然后计算均值与方差。

```
import numpy as np
import cv2

def get_mean_std(ims):
    means=[0,0,0]
    stdevs=[0,0,0]

    for ims in ims_list:
        img = cv2.imread(ims_path+ims)
        img = img / 255.0
        for i in range(3):
            im_RGB = img[:,:,i]
            means[i] += im_RGB.mean()
            stdevs[i] += im_RGB.std()

    means = np.asarray(means) / num_imgs
```

```
        stdevs = np.asarray(stdevs) / num_imgs
        return means,stdevs
```

得到结果如下。

```
means,stdevs = get_mean_std(ims)
print(means)
print(stdevs)
```

输出结果如下。

```
[0.41695606 0.45508163 0.48832284]
[0.22518628 0.22498401 0.22944327]
```

5.10　本章小结

近几年来，随着深度学习算法的不断发展，深度学习领域涌现了许多优秀的算法，比如本章介绍的 AlexNet、VGGNet、GoogLeNet、ResNet、DenseNet 等。希望读者重点学习与掌握 VGGNet 和 ResNet 这两个网络结构，为之后的学习打下坚实的基础。

第 6 章

mmdetection 工具包介绍

本章主要介绍基于 PyTorch 的开源目标检测工具包 mmdetection，内容包括制作
自定义数据集、利用 mmdetection 训练自定义数据集以及对模型训练效果进行评估。
通过本章的学习，读者能够对目标检测任务的构建方法有一个整体的认识，为后面
进一步学习打下基础。同时，mmdetection 也是一个非常好的开源算法框架。基于该
框架，读者可以更高效地设计和实现目标检测任务的解决方案。

6.1 mmdetection 概要

mmdetection 是香港中文大学多媒体实验室（mmlab）开发的一套基于 PyTorch
的开源目标检测工具包。该工具包采用组件化设计模式，将检测框架中的各个部分
拆解成独立的组件，用户可以基于这些组件，灵活地构建满足自己需求的检测框架。
mmdetection 实现了包括 Faster R-CNN、Mask R-CNN、RetinaNet 在内的主流检测算
法，其中所有包围盒（bbox）和掩码（mask）相关的计算都可以在 GPU 上运行，训
练模型的速度超过了其他常见代码库。同时，mmdetection 工具包的算法性能也非常
优秀，其研发团队在 2018 年 COCO 检测挑战赛中获得冠军。

本书后面涉及的算法均已在 mmdetection 工具包中实现，读者在搭建自己的应用
系统时，可以直接调用工具包中的算法，以提升工作效率。本章将对 mmdetection 工
具包进行基础介绍，相关内容主要参考了 mmdetection 官方网站（https://github.com/
open-mmlab/mmdetection），英文基础好的读者也可以直接通过该网站获取最新的
资料。

6.2　mmdetection 支持的检测框架和算法实现

mmdetection 的版本在持续更新中，在笔者编写本章时，其实现的主要算法及支持的检测框架如表 6-1 所示。

表 6-1　mmdetection 实现的主要算法及支持的检测框架

	ResNet	ResNeXt	VGG	HRNet
RPN	✓	✓	✗	✓
Fast R-CNN	✓	✓	✗	✓
Faster R-CNN	✓	✓	✗	✓
Mask R-CNN	✓	✓	✗	✓
Cascade R-CNN	✓	✓	✗	✓
Cascade Mask R-CNN	✓	✓	✗	✓
SSD	✗	✗	✓	✗
RetinaNet	✓	✓	✗	✓
GHM	✓	✓	✗	✓
Mask Scoring R-CNN	✓	✓	✗	✓
FCOS	✓	✓	✗	✓
Double-Head R-CNN	✓	✓	✗	✓
Grid R-CNN (Plus)	✓	✓	✗	✓
Hybrid Task Cascade	✓	✓	✗	✓
Libra R-CNN	✓	✓	✗	✓
Guided Anchoring	✓	✓	✗	✓

mmdetection 也支持如下常用算法。

❑ DCNv2：可变形卷积网络。

❑ Group Normalization：一种新的归一化方法。

❑ Weight Standardization：一种加速小批次训练的归一化方法。

❑ OHEM：在线困难样本挖掘。

❑ Soft-NMS：柔性非极大值抑制。

❑ Generalized Attention：一种注意力模型。

❑ GCNet：一种新的全局上下文建模网络。

❑ Mixed Precision（FP16）Training：半精度（16 位）浮点训练。

6.3　搭建 mmdetection 开发环境

搭建 mmdetection 所依赖的操作系统版本及第三方库的版本如下：

❑ Linux（推荐 Ubuntu 16.04/18.04 及 CentOS 7.2 系统）

❑ Python 3.5+

❑ PyTorch 1.1 及更高版本

❑ CUDA 9.0 及更高版本（推荐 9.0/9.2/10.0/10.1）

❑ NCCL 2（推荐 2.1.15/2.2.13/2.3.7/2.4.2）

❑ GCC（G++）4.9 及更高版本（推荐 4.9/5.3/5.4/7.3）

❑ mmcv

笔者这里使用的操作系统为 Ubuntu 18.04、显卡驱动版本为 418.67、CDUA 版本为 10.1、GCC 版本为 7.4.0。按照如下步骤配置 mmdetection 环境。

```
git clone https://github.com/open-mmlab/mmdetection.git
cd mmdetection
pip install -r requirements/build.txt
pip install
    "git+https://github.com/cocodataset/cocoapi.git#subdirectory= PythonAPI"
pip install -v -e .  # or "python setup.py develop"
```

值得注意的是，GitHub 上的 mmdetection 安装步骤可能发生变化，本书给出的是笔者撰写本章时官方推荐的安装步骤，如果读者在部署过程中遇到问题，请查阅官方文档：https://github.com/open-mmlab/mmdetection/blob/master/docs/INSTALL.md。

为了便于训练和测试标准数据集，建议按照如下文件结构进行组织，如果使用了其他文件路径，在训练和测试时，需要在配置文件中更改相应路径。

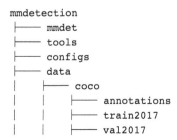

```
mmdetection
├── mmdet
├── tools
├── configs
├── data
│   ├── coco
│   │   ├── annotations
│   │   ├── train2017
│   │   ├── val2017
```

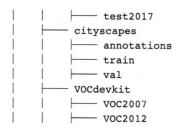

```
|   |       ├──── test2017
|   ├──── cityscapes
|   |       ├──── annotations
|   |       ├──── train
|   |       ├──── val
|   ├──── VOCdevkit
|   |       ├──── VOC2007
|   |       ├──── VOC2012
```

6.4　使用入门

本节简单介绍 mmdetection 工具包的使用方法。

6.4.1　使用预训练模型进行推理

mmdetection 工具包提供了针对标准数据集的测试脚本, 也提供了高级的应用编程接口, 可以将检测算法便捷地集成到其他项目中。

1. 标准数据集测试

测试脚本支持单 GPU、多 GPU 以及检测结果的可视化。我们可以使用如下命令测试标准数据集。

```
# 单 GPU 测试
python tools/test.py ${CONFIG_FILE} ${CHECKPOINT_FILE} [--out ${RESULT_FILE}]
    [--eval ${EVAL_METRICS}] [--show]

# 多 GPU 测试
./tools/dist_test.sh ${CONFIG_FILE} ${CHECKPOINT_FILE} ${GPU_NUM} [--out
    ${RESULT_FILE}] [--eval ${EVAL_METRICS}]
```

[ ] 中是可选参数, 含义如下所示。

❑ RESULT_FILE: 检测结果文件的文件名, 文件为 pickle 格式, 如果该参数未被指定, 则检测结果不会写入文件。

❑ CHECKPOINT_FILE: 预训练好的模型文件。

❑ EVAL_METRICS: 检测结果中需要被计算的项目, 包括 proposal_fast (快速预选框)、proposal (预选框)、bbox (包围盒)、segm (分割)、keypoints (关键点)。

❑ --show: 如果该参数被指定, 则绘制检测结果并显示在一个新的窗口中, 该参数仅应用于单 GPU 测试。另外，需要保证系统环境的 UI 是可用的，否则会报无法连接 X server 的错误。

下面我们通过一个示例加深理解。假设将预训练的模型文件（checkpoints）下载到文件夹 checkpoints/。测试 Faster R-CNN 并显示结果。

```
python tools/test.py configs/faster_rcnn_r50_fpn_1x.py \
    checkpoints/faster_rcnn_r50_fpn_1x_20181010-3d1b3351.pth \
    --show
```

测试 Mask R-CNN 并计算包围盒和掩码的平均精度（AP）。

```
python tools/test.py configs/mask_rcnn_r50_fpn_1x.py \
    checkpoints/mask_rcnn_r50_fpn_1x_20181010-069fa190.pth \
    --out results.pkl --eval bbox segm
```

同时使用 8 块 GPU，测试 Mask R-CNN 并计算包围盒和掩码的平均精度。

```
./tools/dist_test.sh configs/mask_rcnn_r50_fpn_1x.py \
    checkpoints/mask_rcnn_r50_fpn_1x_20181010-069fa190.pth \
    8 --out results.pkl --eval bbox segm
```

2. 网络摄像头测试

mmdetection 提供了一个基于网络摄像头的结果展示样例，按照如下格式调用命令行。

```
python demo/webcam_demo.py ${CONFIG_FILE} ${CHECKPOINT_FILE} [--device ${GPU_
    ID}] [--camera-id ${CAMERA-ID}] [--score-thr ${SCORE_THR}]
```

示例如下。

```
python demo/webcam_demo.py configs/faster_rcnn_r50_fpn_1x.py \
    checkpoints/faster_rcnn_r50_fpn_1x_20181010-3d1b3351.pth
```

3. 高级应用程序编程接口

按照以下代码对给定图像进行测试。

```
from mmdet.apis import init_detector, inference_detector, show_result
import mmcv
```

```
config_file = 'configs/faster_rcnn_r50_fpn_1x.py'
checkpoint_file = 'checkpoints/faster_rcnn_r50_fpn_1x_20181010-3d1b3351.pth'

# 通过配置文件（config_file）和模型文件（checkpoint_file）构建检测模型
model = init_detector(config_file, checkpoint_file, device='cuda:0')

# 测试单张图像并展示结果
img = 'test.jpg'
result = inference_detector(model, img)
# 在新的窗口中展示结果
show_result(img, result, model.CLASSES)
# 或将结果保存为图像文件
show_result(img, result, model.CLASSES, out_file='result.jpg')

# 测试视频并展示结果
video = mmcv.VideoReader('video.mp4')
for frame in video:
    result = inference_detector(model, frame)
    show_result(frame, result, model.CLASSES, wait_time=1)·
```

6.4.2　训练模型

mmdetection 通过 MMDistributedDataParallel 和 MMDataParallel 实现了分布式训练和非分布式训练。所有的输出文件，包括日志文件和模型文件，均保存在当前工作目录下。当前目录在配置文件中通过 work_dir 指定。

着重说明一下，配置文件中默认设置的学习率，针对的是 8 个 GPU，每个 GPU 一次传入两张图像（batch size = 8*2 = 16）这一情况。根据线性伸缩原则，当使用的 GPU 个数发生变化或每个 GPU 一次传入的图像张数发生变化时，用户需要根据不同批次大小按照对应比例调整学习率。

使用单个 GPU 进行训练，命令如下。

```
python tools/train.py ${CONFIG_FILE}
```

如果需要指定工作目录，可以在命令行中添加 work_dir 参数。

```
${YOUR_WORK_DIR}
```

使用多个 GPU 进行训练，命令如下。

```
./tools/dist_train.sh ${CONFIG_FILE} ${GPU_NUM} [optional arguments]
```

可选参数如下。

- ❑ --validate（强烈推荐使用该参数）：训练每 k 个（默认 $k=1$）样本周期进行一次验证。
- ❑ --work_dir ${WORK_DIR}：表示当前工作路径，如果指定，则覆盖配置文件中的设定值。
- ❑ --resume_from ${CHECKPOINT_FILE}：在之前训练的模型文件的基础上继续训练。

resume_from 和 load_from 的区别在于，resume_from 是从指定的模型文件中加载权重数据（model weight），同时也会继承优化状态（optimizer statu）和样本训练周期，通常用于从意外终止的训练过程中恢复训练。load_from 仅加载权重数据，样本训练周期从 0 开始，一般用于模型细化调优。

使用多台机器进行训练

如果在部署了 slurm 的集群上运行 mmdetection，可以使用 slurm_train.sh 脚本进行多机训练。

```
./tools/slurm_train.sh ${PARTITION} ${JOB_NAME} ${CONFIG_FILE} ${WORK_DIR}
    [${GPUS}]
```

以下是基于 dev partition 使用 16 个 GPU 训练 Mask R-CNN 模型的示例。

```
./tools/slurm_train.sh dev mask_r50_1x configs/mask_rcnn_r50_fpn_1x.py /nfs/
    xxxx/mask_rcnn_r50_fpn_1x 16
```

具体参数含义可参考 slurm_train.sh 中的说明。如果各台机器是通过以太网连接的，用户可以参考 PyTorch 的 launch utility 文档进行多机训练，不过这样的多机训练方式通常会因为网络带宽的原因，使训练速度变慢。

6.4.3　有用的工具

1. 分析日志

运行 pip install seaborn 命令安装依赖项后，可以展示训练日志的损失曲线，代码如下，效果如图 6-1 所示。

```
python tools/analyze_logs.py plot_curve [--keys ${KEYS}] [--title ${TITLE}]
    [--legend ${LEGEND}] [--backend ${BACKEND}] [--style ${STYLE}] [--out
    ${OUT_FILE}]
```

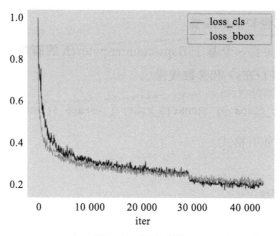

图 6-1   损失曲线

展示分类损失,代码如下。

```
python tools/analyze_logs.py plot_curve log.json --keys loss_cls --legend loss_
    cls
```

展示分类损失和回归损失,并将结果保存在 PDF 文件中。

```
python tools/analyze_logs.py plot_curve log.json --keys loss_cls loss_reg --out
    losses.pdf
```

在同一幅图中,比对两次运行结果包围盒的平均精度(bbox mAP)。

```
python tools/analyze_logs.py plot_curve log1.json log2.json --keys bbox_mAP
    --legend run1 run2
```

读者也可以计算训练的平均速度,代码如下。

```
python tools/analyze_logs.py cal_train_time ${CONFIG_FILE} [--include-
    outliers]
```

输出结果类似如下格式。

```
-----Analyze train time of work_dirs/some_exp/20190611_192040.log.json-----
```

```
slowest epoch 11, average time is 1.2024
fastest epoch 1, average time is 1.1909
time std over epochs is 0.0028
average iter time: 1.1959 s/iter
```

2. 获取浮点计算量和参数规模

mmdetection 提供了一个基于 flops-counter.pytorch 的脚本工具, 用于计算给定模型的浮点计算量 (FLOPs) 和参数规模。

```
python tools/get_flops.py ${CONFIG_FILE} [--shape ${INPUT_SHAPE}]
```

获取的信息类似如下格式。

```
Input shape: (3, 1280, 800)
Flops: 239.32 GMac
Params: 37.74 M
```

目前此功能还在实验阶段, 无法保证结果完全正确。

6.4.4 如何使用 mmdetection

1. 使用自己的数据集

使用自己数据集最简单的方式, 就是把数据集改写成 COCO 或 PASCAL VOC 数据集格式。我们以一个包含 5 种类别的用户数据集为例, 假设用户数据已经转换成 COCO 数据集格式, 按照如下步骤编写代码。

首先在 mmdet/datasets/my_dataset.py 中添加如下代码。

```
from .coco import CocoDataset
from .registry import DATASETS


@DATASETS.register_module
class MyDataset(CocoDataset):

CLASSES = ('a', 'b', 'c', 'd', 'e')
```

在 mmdet/datasets/__init__.py 中添加如下代码。

```
from .my_dataset import MyDataset
```

然后在配置文件中指定 MyDataset，就可以使用与 COCO 数据集相同的 API 了。

不把数据集转成 COCO 或 PASCAL VOC 格式也是可以的。mmdetection 定义了一种非常简单的数据标注格式，使得无论是通过在线方式还是通过离线方式，都可以将各种数据集很容易地转换成这种格式。

数据标注是一个字典构成的列表，列表里每一个字典都对应一个图像。字典包含 4 个域：filename（文件名，相对路径）、width（图像宽）、height（图像高）以及 ann（用于训练的标注）。ann 也是一个字典，至少包含两个域：包围盒和标签类别，这两项都是 NumPy 数组格式。

有些数据集会提供类似 crowd、difficult、ignore 等属性来描述包围盒，我们在数据标注中采用 bboxes_ignore、labels_ignore 等域来标记这些属性。

```
[
    {
        'filename': 'a.jpg',
        'width': 1280,
        'height': 720,
        'ann': {
            'bboxes': <np.ndarray, float32> (n, 4),
            'labels': <np.ndarray, int64> (n, ),
            'bboxes_ignore': <np.ndarray, float32> (k, 4),
            'labels_ignore': <np.ndarray, int64> (k, ) (optional field)
        }
    },
    ...
]
```

有以下两种方式来处理自己的数据集。

1）在线转换：可以从 CustomDataset 继承一个新的数据集类，参考 CocoDataset 和 VOCDataset 重写 load_annotations(self, ann_file) 以及 get_ann_info(self, idx) 两个方法。

2）离线转换：直接将标注格式转换成需要的格式，然后存储为 pickle 或 JSON 文件，之后就可以使用 CustomDataset 处理数据了。

2. 开发新的组件

我们把模型组件分成以下 4 种类型。

1）backbone：通常用于提取特征图的全卷积网络（FCN），例如 ResNet、MobileNet。

2）neck：连接 backbone 和 head 的组件，例如 FPN、PAFPN。

3）head：用于特定任务的组件，例如包围盒预测和掩码预测。

4）roi extractor：从特征图上提取感兴趣区域特征，例如 RoI Align。

这里以 MobileNet 作为基础组件，开发一个新的组件。

创建一个新文件 mmdet/models/backbones/mobilenet.py。

```
import torch.nn as nn

from ..registry import BACKBONES


@BACKBONES.register_module
class MobileNet(nn.Module):

    def __init__(self, arg1, arg2):
        pass

    def forward(x):
        pass

    def init_weights(self, pretrained=None):
        pass
```

在 mmdet/models/backbones/__init__.py 中导入模块。

```
from .mobilenet import MobileNet
```

在配置文件中使用该模块。

```
model = dict(
    # 省略部分代码
    backbone=dict(
        type='MobileNet',
        arg1=xxx,
        arg2=xxx),
    # 省略部分代码
```

6.5 标注图像

在深度学习领域，训练数据集对训练结果有至关重要的影响（深度学习通常是基于有监督学习的）。除了公开的数据集，很多定制化的应用场景都需要专门的数据集做迁移学习或者端到端的训练，这类情况需要大量的训练数据，而获取这些数据的方法不外乎两种：人工数据标注和自动数据标注。

人工数据标注的好处是标注结果比较可靠（但是标注人员需要经过大量培训，不然人工标注的数据往往是不合格的，严重影响后续的模型训练与评估）。自动数据标注一般需要经过人工二次复核，以避免标注错误。

从软件属性上看，人工数据标注，特别是常用的图像数据标注工具可以分为客户端和 Web 端两类，本书使用的是客户端标注工具 labelme。

labelme 一般安装在客户端，客户端将图像标注之后，打包上传至服务器端，然后进行模型训练与评估。labelme 在客户端的安装方式非常简单，命令如下。

```
pip install labelme
```

安装之后在命令行窗口输入 labelme 启动工具，如图 6-2 所示。

图 6-2   labelme 界面

点击 Open 或者 Open Dir 导入想要标注的图像，如图 6-3 所示。

图 6-3　导入图像

　　接着对图像进行标注，选择 Create Rectangle 即可进行矩形框标注。先用矩形框选中需要标注的对象，然后在弹出的框中输入对应的标签（比如 dog），如图 6-4 所示。

图 6-4　使用矩形框标注小狗并输入标签 dog

　　最后将标注结果保存到需要的位置即可，保存后得到一个 JSON 文件。

6.6　实战案例

　　本节通过两个案例详细介绍 mmdetection 算法库的使用方法。

6.6.1　检测人体

我们先来做一个热身，使用预训练模型检测包含人物的图像，观察算法是否能够准确识别出图像中的人，原图如图 6-5 所示。

图 6-5　测试图像

使用预训练模型检测人体的代码如下。

```
from mmdet.apis import init_detector, inference_detector
import mmcv
import cv2

threshold = 0.9
config_file = '/root/mmdetection/configs/faster_rcnn_r50_fpn_1x.py'
checkpoint_file = '/root/mmdetection/checkpoints/faster_rcnn_r50_
    fpn_1x_20181010-3d1b3351.pth'

# 通过配置文件和模型文件构建检测模型
model = init_detector(config_file, checkpoint_file, device='cuda:0')

# 测试单张图像并展示结果
img = '/root/cv/yolov3/women.jpg'
result = inference_detector(model, img)
img = cv2.imread('/root/cv/yolov3/women.jpg')
scores = result[0][:,-1]
ind = scores > threshold
bboxes = result[0][ind,:-1]
for bbox in bboxes:
    left_top = (bbox[0],bbox[1])
```

```
    right_bottom=(bbox[2],bbox[3])
    cv2.rectangle(
        img, left_top, right_bottom,color=(0, 255, 0))
cv2.imwrite('/root/cv/yolov3/women1.jpg',img)
```

得到的结果如图 6-6 所示。

图 6-6　检测结果

下面我们对代码进行详细分析，使用的预训练模型地址如下。需要注意的是，Model Zoo 的地址未来可能发生变化。

```
https://github.com/open-mmlab/mmdetection/blob/master/docs/MODEL_ZOO.md
```

从上述链接中下载需要测试的预训练模型，比如本书下载的是 faster_rcnn_r50_fpn_1x_ 20181010-3d1b3351.pth，然后在 mmdetection 目录下新建目录 checkpoints，将模型存放到该目录下。

```
# 通过配置文件和模型文件构建检测模型（配置文件和监测模型需要匹配）
config_file = '/root/mmdetection/configs/faster_rcnn_r50_fpn_1x.py'
checkpoint_file='/root/mmdetection/checkpoints/faster_rcnn_r50_
    fpn_1x_20181010-3d1b3351.pth'
model = init_detector(config_file, checkpoint_file, device='cuda:0')
```

测试单张图像并展示结果。

```
img = cv2.imread('/root/cv/yolov3/women.jpg')
```

```
result = inference_detector(model, img)
```

因为我们的服务器没有安装图形化界面，所以调用 show_result(img, result, model.CLASSES) 方法时会出现 cannot connect to X server 这个错误提示，解决方案是通过输出的 result 提取待检测物体的坐标，之后使用 OpenCV 绘制图像，实现代码如下。

```
scores = result[0][:,-1]
```

我们打印 result[0] 和 scores，得到的输出结果是检测到的物体的左上角坐标、右下角坐标及检测率。

```
[[295.07788    428.5593    367.87555    643.91016    0.9995926]]
[0.9995926]
```

我们将检测率的阈值（0.9）保存在 threshold 变量中，这样可以保证勾画出的物体大部分是准确的。接着我们使用循环遍历，将所有被检测到的物体的坐标作为参数输入 OpenCV 的 rectangle() 方法，最后使用 imwrite() 方法另存为一张新的图像以便查看效果。

```
ind = scores > threshold
bboxes = result[0][ind,:-1]
for bbox in bboxes:
    left_top = (bbox[0],bbox[1])
    right_bottom=(bbox[2],bbox[3])
    cv2.rectangle(
        img, left_top, right_bottom,color=(0, 255, 0))
cv2.imwrite('/root/cv/yolov3/women1.jpg',img)
```

通过上面的案例我们了解了如何使用 mmdetection 测试单张图像，下面我们使用自定义数据集来检测猫和狗。

6.6.2　检测猫和狗

1. 自定义数据集

先将标注好的数据（数据可以从网上自行搜集）转为 COCO 数据集格式，这里使用开源转换工具 labelme2coco 完成数据格式的转换。这一步我们是在客户端操作的，因为客户端部署了 labelme，所以将转换后的数据上传服务器对应目录即可。

首先更改 labelme2coco.py 中以下几项配置（根据自己的实际情况进行配置，类别从 1 开始计算，0 代表背景）。

```
classname_to_id = {"person": 1}
labelme_path = "labelme/"
saved_coco_path = "./"
```

然后执行 python labelme2coco.py 命令，生成数据标注文件。labelme2coco.py 脚本文件中的代码如下。

```
import os
import json
import numpy as np
import glob
import shutil
from sklearn.model_selection import train_test_split
np.random.seed(41)

#0 为背景
classname_to_id = {"dog": 1,"cat": 2}

class Lableme2CoCo:

    def __init__(self):
        self.images = []
        self.annotations = []
        self.categories = []
        self.img_id = 0
        self.ann_id = 0

    def save_coco_json(self, instance, save_path):
        json.dump(instance, open(save_path, 'w', encoding='utf-8'), ensure_
            ascii=False, indent=1)    # 设置 indent=2，显示会更加美观

    # 由 JSON 文件构建 COCO
    def to_coco(self, json_path_list):
        self._init_categories()
        for json_path in json_path_list:
            obj = self.read_jsonfile(json_path)
            self.images.append(self._image(obj, json_path))
            shapes = obj['shapes']
            for shape in shapes:
                annotation = self._annotation(shape)
                self.annotations.append(annotation)
                self.ann_id += 1
            self.img_id += 1
```

```python
        instance = {}
        instance['info'] = 'spytensor created'
        instance['license'] = ['license']
        instance['images'] = self.images
        instance['annotations'] = self.annotations
        instance['categories'] = self.categories
        return instance

    # 构建类别
    def _init_categories(self):
        for k, v in classname_to_id.items():
            category = {}
            category['id'] = v
            category['name'] = k
            self.categories.append(category)

    # 构建 COCO 的 image 字段
    def _image(self, obj, path):
        image = {}
        from labelme import utils
        img_x = utils.img_b64_to_arr(obj['imageData'])
        h, w = img_x.shape[:-1]
        image['height'] = h
        image['width'] = w
        image['id'] = self.img_id
        image['file_name'] = os.path.basename(path).replace(".json", ".jpg")
        return image

    # 构建 COCO 的 annotation 字段
    def _annotation(self, shape):
        label = shape['label']
        points = shape['points']
        annotation = {}
        annotation['id'] = self.ann_id
        annotation['image_id'] = self.img_id
        annotation['category_id'] = int(classname_to_id[label])
        annotation['segmentation'] = [np.asarray(points).flatten().tolist()]
        annotation['bbox'] = self._get_box(points)
        annotation['iscrowd'] = 0
        annotation['area'] = 1.0
        return annotation

    # 读取 JSON 文件，返回一个 JSON 对象
    def read_jsonfile(self, path):
        with open(path, "r", encoding='utf-8') as f:
            return json.load(f)

    # COCO 的格式为 [x1,y1,w,h]，对应 COCO 的包围盒格式
    def _get_box(self, points):
```

```python
        min_x = min_y = np.inf
        max_x = max_y = 0
        for x, y in points:
            min_x = min(min_x, x)
            min_y = min(min_y, y)
            max_x = max(max_x, x)
            max_y = max(max_y, y)
        return [min_x, min_y, max_x - min_x, max_y - min_y]


if __name__ == '__main__':
    labelme_path = "/Users/mac/Desktop/dog/"
    saved_coco_path = "/Users/mac/Desktop/cocodog/"
    # 创建文件
    if not os.path.exists("%scoco/annotations/"%saved_coco_path):
        os.makedirs("%scoco/annotations/"%saved_coco_path)
    if not os.path.exists("%scoco/images/train2017/"%saved_coco_path):
        os.makedirs("%scoco/images/train2017"%saved_coco_path)
    if not os.path.exists("%scoco/images/val2017/"%saved_coco_path):
        os.makedirs("%scoco/images/val2017"%saved_coco_path)
    # 获取 images 目录下所有的 JSON 文件列表
    json_list_path = glob.glob(labelme_path + "/*.json")
    # 数据划分, 这里没有区分 val2017 和 tran2017 目录, 所有图像都放在 images 目录下
    train_path, val_path = train_test_split(json_list_path, test_size=0.12)
    print("train_n:", len(train_path), 'val_n:', len(val_path))

    # 把训练集转化为 COCO 的 JSON 格式
    l2c_train = Lableme2CoCo()
    train_instance = l2c_train.to_coco(train_path)
    l2c_train.save_coco_json(train_instance, '%scoco/annotations/instances_
        train2017.json'%saved_coco_path)
    for file in train_path:

        shutil.copy(file.replace("json","jpg"),"%scoco/images/
            train2017/"%saved_coco_path)
    for file in val_path:
        shutil.copy(file.replace("json","jpg"),"%scoco/images/val2017/"%saved_
            coco_path)

    # 把验证集转化为 COCO 的 JSON 格式
    l2c_val = Lableme2CoCo()
    val_instance = l2c_val.to_coco(val_path)
    l2c_val.save_coco_json(val_instance, '%scoco/annotations/instances_
        val2017.json'%saved_coco_path)
```

数据转换成 COCO 格式后，建议将 COCO 数据集按照以下目录形式存储。

mmdetection

```
├──── mmdet
├──── tools
├──── configs
├──── data
│     ├──── coco
│     │      ├──── annotations
│     │      ├──── train2017
│     │      ├──── val2017
│     │      ├──── test2017
```

在目录下建立 COCO 目录（本例是在 root 目录下建立的），如图 6-7 所示。

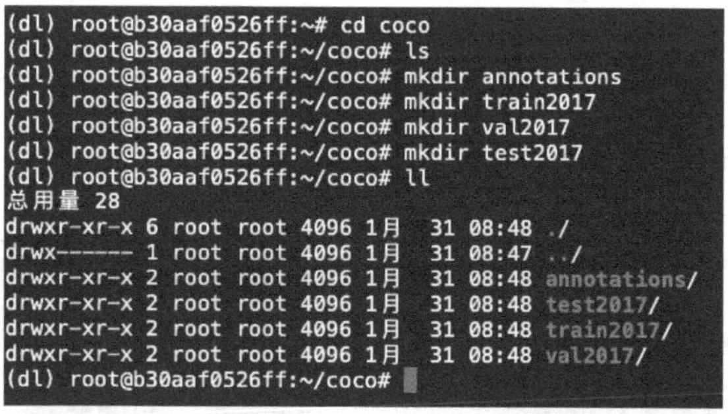

图 6-7　建立 COCO 目录

在 mmdetection 目录下建立 data 目录以及软链接，真实的 COCO 目录存放在 /root/coco 下，如图 6-8 所示。

图 6-8　建立 data 目录

在 mmdetection/mmdet/datasets 中新建一个文件 mydogcat.py。

```
from .coco import CocoDataset
from .registry import DATASETS
@DATASETS.register_module
class MyDogCat(CocoDataset):
    CLASSES = ('dog','cat')
```

在 mmdet/datasets/__init__.py 中添加如下代码，就可以在配置文件中指定 MyDogCat，并且使用与 CocoDataset 相同的 API 了。

```
from .mydogcat import MyDogCat
```

将 configs/faster_rcnn_r50_fpn_1x.py 中的 num_classes 参数改为 3（一个类别是背景，另外两个类别是狗和猫）。在 mmdetection 目录下新建 work_dirs 文件夹（用来存放日志和 PTH 文件）。

2. 训练与测试

使用如下命令训练模型，本书使用的环境只有一个 GPU，生成的 PTH 文件以及训练过程日志都存放在 work_dirs 目录下。

```
python tools/train.py configs/faster_rcnn_r50_fpn_1x.py --work_dir work_dirs
```

最终效果如图 6-9、图 6-10 所示。

图 6-9　检测结果（猫）

图 6-10　检测结果（狗）

6.7　本章小结

本章介绍了 mmdetection 的基本概念以及目标检测任务从标注到测试的完整流程。相比于 Facebook 开源的 Detectron 框架，mmdetection 具有 3 个优势：性能好、训练速度快、所需显存小。读者可以通过 mmdetection 快速掌握目标检测任务研发的生命周期，为后续的学习打下基础。

第 7 章

目标检测的基本概念

本章我们将目光集中在目标检测的核心概念上，为之后剖析主流目标检测算法做铺垫。首先我们来回顾一下图像分类与目标检测的区别，如图 7-1 所示，我们不仅要通过算法判断图中是不是猫（分类问题），还要在图像中标记它的位置，用方框把猫圈起来，这就是目标检测问题。

图 7-1　图像分类与目标检测

7.1　概念详解

目标检测算法实际上是多任务算法：一个任务是确定目标的分类；另一个任务是确定目标位置。而图像分类算法则是单任务算法，只需要进行分类。

目前，目标检测算法的发展比较成熟，近几年更是涌现了许多非常优秀的算法。目标检测算法主要有两类代表类型：一阶段的代表算法是 SSD 和 YOLO 系列；两阶段的代表算法是 Faster R-CNN。这两类算法的主要区别在于，一阶段直接基于网络提取的特征和预定义的锚进行目标检测，而两阶段则是先通过网络提取的特征和预定义的锚学习得到候选框，然后基于候选框的特征进行目标检测。

下面介绍目标检测算法中几个重要的概念。

7.1.1 IoU 计算

通过比较真值框（ground-truth bounding box）和预测框（predicted bounding box）的距离、重叠面积等可以判断目标检测算法的性能。IoU（Intersection over Union）是一种在特定数据集中检测相应物体准确度的标准，恰好可以实现上述目的。IoU 的计算逻辑非常简单，就是两个框相交的面积除以两个框相并的面积，如图 7-2 所示。

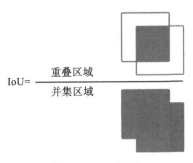

$$IoU = \frac{重叠区域}{并集区域}$$

图 7-2　IoU 计算

说到这里，有一些读者可能会有疑惑，那所谓的真值框是从哪里来的呢？对于任何一个训练数据集或测试数据集来说，至少包含两大类数据：一类是图像本身；另一类包含待检测对象的坐标。我们的目标是构建一个目标检测算法，在测试集上进行测试，如果 IoU 的值大于 0.5，通常来说这个测试效果是不错的；如果 IoU 的值小于 0.5（见图 7-3 左），那么很明显目标检测的效果不太理想。如果 IoU 的值在 0.7 左右（见图 7-3 中），则说明真值框和预测框的位置已经很接近了；如果 IoU 的值在 0.9 左右（见图 7-3 右），则说明目标检测算法在测试集上的效果非常优秀。

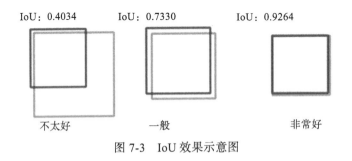

图 7-3　IoU 效果示意图

7.1.2 NMS 操作

NMS（Non Maximum Suppression，非极大值抑制）是目前检测算法常用的后处理操作，在目标检测算法中，我们希望每个目标都有一个预测框可以准确地圈出目标的位置并给出预测类别。检测模型的输出预测框之间可能存在重叠，比如图中针对某一个目标可能存在多个可能是车辆的矩形框，此时我们需要判断哪些框有用，哪些框无用，如图 7-4 所示。

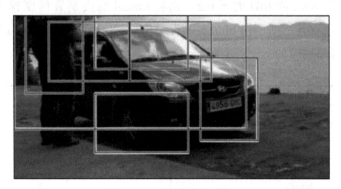

图 7-4　目标存在多个框

想定位一辆车，算法找出了一堆方框，我们需要筛出哪些矩形框是没用的。非极大值抑制的方法是先假设有 6 个矩形框，根据分类器的分类概率排序，从小到大属于车辆的概率分别为 A、B、C、D、E、F。

从最大概率矩形框 F 开始，依次判断 $A \sim E$ 与 F 的重叠度 IoU 是否大于某个设定的阈值。假设 B、D 与 F 的重叠度超过阈值，则抛弃 B、D，保留第一个矩形框 F。

从剩下的矩形框 A、C、E 中，选择概率最大的 E，然后判断 E 与 A、C 的重叠度，重叠度大于一定的阈值，则抛弃 A、C，并标记 E 是我们保留下来的第二个矩形框。

就这样一直重复上述过程，直到找到所有被保留下来的矩形框。那我们如何计算 NMS 呢？这里通过一个例子进行说明。

预测框	类别置信度
bbox1	0.9
bbox2	0.8
bbox3	0.7
bbox4	0.5
bbox5	0.2

上述 5 个预测框已经按照类别置信度从大到小进行排序，首先选置信度最高的 bbox1，与剩下非 0 置信度的预测框进行 IoU 计算，将 IoU 大于设定阈值（假设阈值为 0.5）的预测框置信度设置为 0，比如 bbox1 和 bbox2 的 IoU 大于 0.5，则将 bbox2 的类别置信度置为 0；bbox1 和 bbox3 的 IoU 小于 0.5，则不对 bbox3 进行操作；bbox1 和 bbox4 的 IoU 大于 0.5，则将 bbox4 的类别置信度置为 0；bbox1 和 bbox5 的 IoU 小于 0.5，则不对 bbox5 进行操作。第一轮过滤后可得以下这个表，标记 bbox1 不再参与后续的 NMS 计算了。

预测框	类别置信度
bbox1	0.9
bbox2	0
bbox3	0.7
bbox4	0
bbox5	0.2

接下来选择 bbox1 之外类别置信度最高的预测框，也就是 bbox3，计算 bbox3 与其他剩余的类别置信度非 0 的预测框的 IoU（不包括 bbox1）。假设 bbox3 与 bbox5 的 IoU 大于 0.5，则将 bbox5 的类别置信度置为 0，这样就得到了最终过滤后的预测框 bbox1 和 bbox3 了。

预测框	类别置信度
bbox1	0.9
bbox2	0
bbox3	0.7
bbox4	0
bbox5	0

7.1.3 感受野

感受野（receptive field）是 CNN 中一个非常核心的概念。从直观上讲，感受野就是视觉感受区域的大小。在卷积神经网络中，感受野的定义是决定某一层输出结果中一个元素对应的输入层的区域大小。

为了更好地说明整个卷积神经网络的工作过程，下面以一个示例加以说明。假

设输入层的大小为 10×10，一共设计了 5 个网络层，前面 4 个是卷积层，卷积核的大小为 3×3，最后一个是池化层，大小为 2×2，本次所有步长（stride）均为 1。

注意：感受野在计算的时候不考虑"边界填充"，这是因为填充的边界已经不是输入层本身的内容了，感受野描述的是输出特征到输入层的映射关系，故不考虑 padding 操作。实际在建模过程中可能需要填充边界，原理一样，只是计算过程稍微复杂一些。

第一次卷积运算如图 7-5 所示。

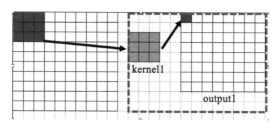

图 7-5　第一次卷积运算

从图 7-5 中可以看出，第一层网络输出的图像中，输出结果为 8×8，output1 输出的每一个特征（即每一个像素）都受到输入层 3×3 区域内的影响，故第一层的感受野为 3，即 RF1=3（每一个像素值与输入层的 3×3 区域有关）。

第二次卷积运算如图 7-6 所示。

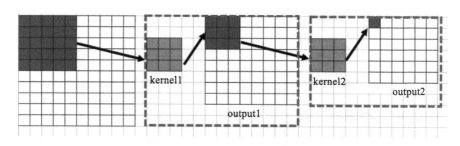

图 7-6　第二次卷积运算

从图 7-6 中可以看出，经历两次卷积运算之后，输出图像为 6×6，output2 输出的每一个特征（即每一个像素）都受到 output1 3×3 范围的影响，而 output1 中的这

个 3×3 区域又受到输入层 5×5 范围的影响,故第二层的感受野为 5,即 RF2=5(每一个像素值与输入层的 5×5 区域有关)。

第三次卷积运算如图 7-7 所示。

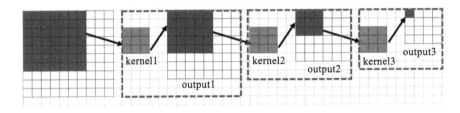

图 7-7   第三次卷积运算

从图 7-7 中可以看出,经历三次卷积运算之后,最终的输出图像为 4×4,output3 输出的每一个特征(即每一个像素)都受到 output2 3×3 范围的影响,而 output2 中的 3×3 区域又受到 output1 5×5 范围的影响,而 output1 中的 5×5 区域又受到输入层 7×7 范围的影响,故第三层的感受野为 7,即 RF3=7(每一个像素值与输入层的 7×7 区域有关)。

第四次卷积运算如图 7-8 所示。

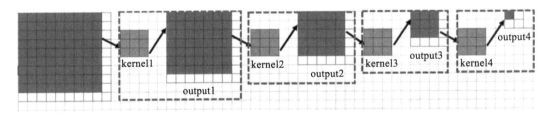

图 7-8   第四次卷积运算

从图 7-8 中可以看出,经历四次卷积运算之后,最终的输出图像为 2×2,output4 输出的每一个特征(即每一个像素)都受到 output3 3×3 范围的影响,而 output3 中的 3×3 区域又受到 output2 5×5 范围的影响,output2 中的 5×5 区域又受到 output1 7×7 范围的影响,output1 中的 7×7 区域又受到原始图形 9×9 范围的影响,故第四层的感受野为 9,即 RF4=9(每一个像素值与输入层的 9×9 区域有关)。

第五次池化运算如图 7-9 所示。

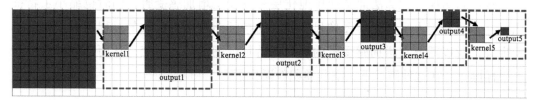

图 7-9　池化运算

从图 7-9 中可以看出，经历四次卷积运算和一次池化运算之后，最终的输出图像为 1×1，output5 输出的每一个特征（即每一个像素）都受到 output4 2×2 范围的影响，而 output4 中的 2×2 区域受到 output3 4×4 范围的影响，output3 中的 4×4 区域受到 output2 6×6 范围的影响，output2 中的 6×6 区域受到 output1 8×8 范围的影响，output1 中的 8×8 区域受到输入层 10×10 范围的影响，故第五层的感受野为 10，即 RF5=10（每一个像素值与输入层的 10×10 区域有关）。

感受野的推导是一个递推的过程，下面展示这一过程。

```
RF1=3   k1（第一层的感受野，永远等于第一个卷积核的尺寸大小）k 表示第几个卷积层
RF2=5   k1 + (k2-1)   RF1+(k2-1)
RF3=7   k1+(k2-1) + (k3-1)   RF2 + (k3-1)
RF4=9   k1+(k2-1) + (k3-1) + (k4-1)   RF3+(k4-1)
RF5=10 RF4+(k5-1)
```

总结：感受野的求解是一个不断迭代的过程，因为第一层每一个像素的感受野始终是第一个卷积核的大小，所以 RF1 总是最先确定的。以此类推，逐步求出 RF2、RF3、RF4、RF5。

上面的例子中所有的步长均为 1，如果每一次卷积运算的步长不为 1 呢？同理，这里直接给出递推公式。

$$RF_n = RF_{n-1} + (k_n - 1) \times \text{stride}_n$$

其中 stride_n 表示第 n 次卷积的移动步长。求解过程也是从 RF1 开始的。

7.1.4 空洞卷积

常见的图像分割算法通常使用池化层和卷积层增加感受野，同时也缩小了特征图尺寸，再利用上采样还原图像尺寸。因为特征图缩小再放大的过程造成了精度上的损失，所以需要在增加感受野的同时保持特征图的尺寸不变，从而代替下采样和上采样操作，在这种需求下，空洞卷积就诞生了。

Dilated/Atrous Convolution（中文可称作空洞卷积或膨胀卷积）是在标准的卷积映射里注入空洞，以此来增加感受野，相比原来的正常卷积，空洞卷积额外增加了一个超参数：扩张率（dilation rate），该参数定义了卷积核处理数据时各值的间距（比如标准的卷积扩张率为1），如图7-10所示。

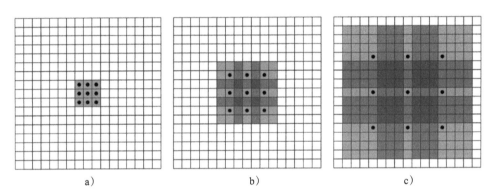

图 7-10　普通卷积和空洞卷积的对比

空洞卷积有如下两个作用。

1）扩大感受野：在深层网络中为了在增加感受野的同时降低计算量，总要进行下采样（比如使用池化层），这样虽然可以增加感受野，但也降低了空间分辨率。使用空洞卷积可以在尽量不丢失分辨率的情况下扩大感受野，在检测或者分割任务中尤为重要。一方面感受野大了可以检测大目标，另一方面分辨率高了可以精确定位目标。

2）捕获多尺度上下文信息：当设置不同的扩张率时，感受野就会不一样，便可以获取多尺度信息。多尺度信息在视觉任务中是非常重要的。

7.1.5 评价指标 mAP

在目标检测算法中，常用的评价指标是 mAP（mean Average Precision），用于度量模型预测框类别和位置是否准确。常见的计算 mAP 的方式有两种，一种基于PASCAL VOC 2012 数据集，另一种基于 PASCAL VOC 2007 数据集。

1. mAP 的相关概念

下面简单介绍 mAP 的相关概念。

- ❑ mAP：mean Average Precision，即各类别 AP 的平均值。
- ❑ AP：PR 曲线下的面积。
- ❑ PR 曲线：Precision-Recall 曲线。
- ❑ Precision：TP/(TP+FP)。
- ❑ Recall：TP/(TP+FN)。
- ❑ TP：IoU>0.5 的检测框数量（同一真值框只计算一次）。
- ❑ FP：IoU ≤ 0.5 的检测框数量，或者是检测到同一个真值框的多余检测框的数量。
- ❑ FN：没有检测到的真值框的数量。

2. 混淆矩阵

准确率（accuracy）用于衡量验证集或测试集预测的标签与真实标签是否相等，数学公式为

$$\text{accuracy} = \frac{\text{预测标签与真实标签相同的数量}}{\text{总的预测数据集数量}}$$

这个指标是否可以真正衡量模型的准确性呢？我们来看一个示例，现在有一组中文分词的结果（100 个词），其中 99 个词都是由单字组成的，比如"我""你""他""的"等，最后一个词"北京"由两个字组成。我们写一个简单的分词模型，将判断输入的词是否是单个字作为划分的依据，最后我们能够得到这个分词模型的准确率为 99%，但实际上这个分词模型是毫无意义的。

在中文分词任务中，一般使用在标准数据集上词语级别的精确率、召回率和 F_1 值衡量分词模型的准确程度。

对于二分类问题，可将样例根据其真实类别与分类器预测类别的组合划分如下。

- □ 真实值是 positive，模型认为是 positive 的数量（True Positive=TP）。
- □ 真实值是 positive，模型认为是 negative 的数量（False Negative=FN）。
- □ 真实值是 negative，模型认为是 positive 的数量（False Positive=FP）。
- □ 真实值是 negative，模型认为是 negative 的数量（True Negative=TN）。

令 TP、TN、FP、FN 分别表示其对应的样本数，则 TP+TN+FP+FN= 样本总数，分类的混淆矩阵如图 7-11 所示，指标概念如图 7-12 所示。

		真实值	
		Positive	Negative
预测值	Positive	True Positive	False Positive
	Negative	False Negative	True Negative

图 7-11 混淆矩阵

准确率 ACC	$Accuracy=\dfrac{TP+TN}{TP+TN+FP+FN}$	分类模型所有判断正确的结果占总观测值的比重
精确率 PPV	$Precision=\dfrac{TP}{TP+FP}$	在模型预测是 Positive 的所有结果中，模型预测正确的比重
灵敏度 TPR	$Sensitivity=Recall=\dfrac{TP}{TP+FN}$	在真实值是 Positive 的所有结果中，模型预测正确的比重

图 7-12 二级指标

假设有一个检测残次品的装置，合格品的比率是 99%，也就是说生产 100 件产品中有 99 件是合格的，只有 1 件是不合格的。如果这个装置的检测结果是 100 件产品都合格，那么对于不合格产品来说，实际是不合格但是被误判为合格了。如果按照准确率公式来衡量，准确率达到了 99%，但是如果按照精确率（precision）来衡量，精确率就是 0。在实践中，我们优先将关注度高的作为正类，在这个案例中，显而易见的是不合格品被检测出来是我们更为关注的，因为不合格产品流向市场，会对企业的口碑造成影响。

F_1 值用于衡量二分类模型的精确度，它兼顾了分类模型的准确率和召回率。F_1 值可以看作模型准确率和召回率的一种加权平均，它的最大值是 1，最小值是 0。F_1 越接近 1，模型的精确度越高，反之越差。

$$F_1 = 2 \times \frac{\text{precision} \times \text{recall}}{\text{precision} + \text{recall}}$$

下面我们通过一个示例演示 mAP 的计算过程。在目标检测场景中，因为我们既要对图像中的待检测物体进行分类，又要对其进行定位，所以在计算 mAP 的时候，需要从两方面入手：（1）物体的分类效果；（2）定位效果，即真值框和预测框的 IoU。假设模型输出结果的格式为 [cat_id,x1,y1,w,h,score]，即 [猫 id, 左上横坐标，左上纵坐标，目标宽，目标高，分类得分]，而真值格式为 [cat_id,x1,y1,w,h]，下面具体说明计算过程。

首先针对某一图像识别结果的得分进行降序排序，然后依次遍历每个排序好的预测结果，并分别与真值框中的真实类别进行比较，如果是相同的类别，再分别比较该预测结果和真值框的 IoU 是否大于某一阈值（一般该阈值为 0.5），如果类别预测是正确的（与实际类别相同），IoU 检验也通过了，则记为预测正确的对象。如果不满足上述条件，则跳过该真值框，继续下一个真值框与预测框的检测，一直到真值框遍历结束，统计 percision 和 recall 的值，继续遍历下一个预测框。某个图像的预测结果遍历结束后，就可以计算该图像中物体对应类的精度值了，主要是根据记录的 precision 和 recall 的值进行推演。

按照 PASCAL VOC 2007 的 mAP 计算逻辑，我们在召回率坐标轴上均匀选取 11 个点，然后计算在召回率大于 0 的所有点中，精确度的最大值；接着计算在召回率大于 0.1 的所有点中，精确度的最大值。以此类推，最终得到 11 个精确度值，对这 11 个精确度求均值后便可以得到 AP 值。mAP 其实就是对每个真实目标类别分别计算 AP 值后再求均值的结果。

7.2 本章小结

目标检测在计算机视觉算法中的应用非常广泛，给定一张图像，目标检测算法会自动判断图像中指定类别的位置，本章主要介绍了 IoU 的计算公式、NMS 操作、感受野以及 mAP 的计算等内容。理解这些概念可以为后续学习目标检测算法打下坚实的理论基础。

第 **8** 章

两阶段检测方法

如前面章节所述,目标检测的任务有两个:一是确认图像中有没有目标;二是确认目标在哪里。换句话说,目标检测既需要确定类别,又要确定位置。解决这个问题的一个很自然的思路就是,首先在图像中找到若干可能包含目标的候选区域,再对这些候选区域进行类别判断,看看每一个候选区域是我们关注的某一类目标,还是我们不关注的背景。这个思路也被我们称为两阶段算法。以这个基本思路为基础,业界提出了一系列具体的算法,包括 R-CNN、SPP-Net、Fast R-CNN、Faster R-CNN、Mask R-CNN 等。本章将逐一介绍这些算法。

8.1 R-CNN 算法

基于两阶段算法思路,我们需要解决两个问题:一是如何找到候选区域(本书的检测区域均为矩形,后面也将候选区域称为候选框);二是如何对候选框中的图像区域进行分类判断。下面针对这两个问题进行详细介绍。

8.1.1 生成候选区域

找候选框最简单、最直接的方法就是滑动窗口法,具体的操作是先定义窗口区域宽和高的最大值和最小值,让宽和高分别在各自最大值和最小值之间遍历取值并构造检测窗口。然后使用检测窗口在整幅图像上滑动,每滑动到一个位置就产生一个候选框。

这个方法曾经在图像检测领域被广泛使用，但是它有一个致命的缺点，就是会产生极多的候选框，如果后续的分类算法比较复杂，整个检测过程会非常耗时。在很长一段时间里，人们只能使用非常简单的分类算法，大大限制了分类结果乃至检测结果的准确性。为了解决这个问题，人们设计了一些算法，比较典型的有 Objectness 算法、Selective Search 算法、Constrained Parametric Min-Cuts（CPMC）算法等。R-CNN 的作者使用了 Selective Search 算法生成候选框。Selective Search 算法的相关内容超出了本书的讨论范围，感兴趣的读者可以自行阅读 Selective Search 算法的相关论文进行深入了解。

8.1.2　类别判定

得到候选框之后，需要对候选框区域的图像进行分类。解决分类问题有两个步骤：首先进行特征提取，即对图像像素进行编码，把像素变成一种可以计算、能够表达类别信息的特征向量；然后通过分类器，对特征进行分类计算，得到图像的类别。对于解决分类问题的各种算法，究其根本，无非是两个目的：一是设计更有表达能力的特征；二是设计更有鉴别能力的分类器。

1. 特征提取器

在很长的一段时间里，人们通过手工设计特征，典型的特征有 Gabor、LBP、HOG、SIFT 等，最终用于分类的特征绝大部分是上述典型特征的加权组合。由于没有本质上的突破，在 2010 ～ 2012 年，分类算法的性能基本处于停滞状态。直到 2012 年 Krizhevsky 等人在大规模图像分类挑战赛（ImageNet Large Scale Visual Recognition Challenge，ILSVRC）中使用卷积神经网络（CNN）提取特征，使得分类算法的准确率有了一个显著的提升，业界才把研究的重点转移到 CNN 方法上。经过近些年的努力，基于 CNN 提取的特征，已经把分类算法的性能提升到一个很高的水平，使得分类、检测等算法，从象牙塔走向产业，变成可以实际落地的技术。R-CNN 使用 CNN 提取特征，将 CNN 在分类任务上的优异表现迁移到检测任务上来，在用于评测检测算法性能的 VOC2007 数据集上，把 mAP 从之前的 30.5% 提升到 58.5%。

R-CNN 使用的网络是 AlexNet，其网络结构如图 8-1 所示。AlexNet 包含全连接层，要求输入图像的尺寸固定（原始的 AlexNet 要求输入图像的固定尺寸是 224 像素 ×224 像素 ×3，R-CNN 作者对 AlexNet 进行了略微改动，要求输入图像的固定尺寸是 227 像素 ×227 像素 ×3，算法本质上没有区别）。对于每个候选框，在特征提取之前，需要对图像的尺寸进行形变，以满足网络对输入图像尺寸的需求。具体形变的方式是，可以保持候选框比例直接截取后拉伸，也可以直接对候选框区域进行拉伸，两者本质上没有区别，只是性能上略有差异。

基于 CNN 的特征提取和手工设计特征不同，需要大量的样本数据训练网络的模型参数，数据的规模在相当大的程度上决定了特征的表达能力。目前，在公开的数据集上，用于分类的带标注的数据，如 ImageNet，要远远多于用于检测的带标注数据，如 VOC。因此，R-CNN 在训练用于特征提取的 CNN 网络模型的时候，采用了先用分类数据集 ILSVRC 2012 进行预训练，然后用检测数据集 VOC 进行微调（fine-tuning）的方式，很好地解决了训练数据不足的问题。

ILSVRC 2012 有 1000 个类别，VOC 有 21 个类别（20 类目标 +1 类背景），因此在使用 VOC 数据集进行微调训练时，需要把 AlexNet 最后用于分类的全连接层的输出，从 1000 变成 21。全连接层的参数可以采用随机生成的方式进行初始化。

通过候选框生成算法，一幅图像上可以生成上千个候选框，每个候选框与图像中需要检测的目标的包围盒（我们称之为真值，即 ground truth）有着不同的相交状态。在训练特征提取网络模型时，我们把那些与真值的交并比（即前面章节定义的 IoU）大于等于 0.5 的候选框当作正样本，把 IoU 小于 0.5 的候选框当作负样本（即背景）。至于为什么选取 0.5 作为阈值，其实没有好的理论支持，只是在尝试了多个阈值之后，发现取值为 0.5 时，算法具有最好的性能。

在训练过程中，我们采用批次随机梯度下降（batch SGD）算法。因为候选框中，负样本的比例要远大于正样本的比例，所以在训练时倾向于选择更多的负样本（即背景样本）。在具体训练过程中，每一个批次选取 128 个样本进行 SGD 优化，在 128 个样本中，有 32 个为正样本，另外 96 个为负样本（背景）。因为是调优训练，所以将模型的学习率调整为 0.001（之前分类数据集上训练学习率的 1/10），以进行更为细致的迭代优化。模型训练完成后，去掉最后用于分类的全连接层（4096×21），就得到了一个特征提取网络模型。对于每个 227 像素 ×227 像素的输入图像，网络会提取一个 4096 维的特征向量，作为原始图像的类别特征表达。

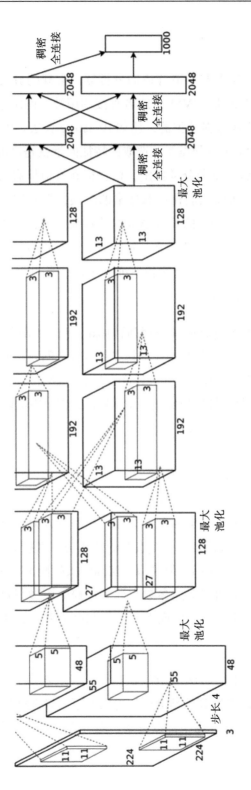

图 8-1 AlexNet 网络结构

2. 分类器设计

有了特征之后，还需要构造合适的分类器，常规的分类器有两大类：一种是直接分类，比如支持向量机（SVM），或者直接使用神经网络进行分类；另一种是基于弱分类器级联的方式构造强分类器，比如 Boosting 算法。R-CNN 的作者使用了一系列 2 分类的线性 SVM 作为分类器，选取的特征向量就是之前训练的神经网络提取的4096 维特征向量。因为要做分类判定，候选框和真值框有较多的重合度，才会认为候选框框中了目标，所以我们在选取样本的时候，把候选框和真值框的 IoU 阈值设为 0.7，将 IoU 大于等于 0.7 的候选框提取的特征作为正样本特征向量，将 IoU 小于0.7 的候选框提取的特征作为负样本特征向量，通过提取的各个特征向量，来训练各个 2 分类 SVM（关于 SVM 的原理和训练方法，读者可以在很多机器学习相关的图书中进行了解，本书不再赘述）。

有些读者可能会提出疑问：既然前面训练的神经网络已经可以进行分类判定，为什么还需要单独训练 SVM 分类器呢？其实针对这个问题，R-CNN 的作者也没有给出非常有说服力的解释，基本上可以认为这是基于实验结果给出的一个优选方案。大家没有必要纠结于此，很多算法的优化，坦率地说，都是在实际场景中调试出来的。

8.1.3 位置修正

实际上，通过 Selective Search 等方法生成的候选框很难做到非常准确地框住目标，总会有一些偏差。为了得到准确的目标位置，需要基于当前候选框的位置进行修正，计算候选框的中心点坐标在水平方向和垂直方向需要的偏移量，以及水平方向和垂直方向需要的缩放尺度。一个直观的想法是，直接对上述 4 个数值（两个偏移量 + 两个缩放尺度）进行回归，但是因为实际输入的候选框具有较大范围的位置差异和尺度差异，所以直接回归上述参数在训练过程中模型很难收敛。我们可以变通一下，对数据进行归一化处理，以候选框的宽和高为基准，来回归平移、缩放相对于候选框尺度的比例。

用 $G(G_x,G_y,G_w,G_h)$、$\hat{G}(\hat{G}_x,\hat{G}_y,\hat{G}_w,\hat{G}_h)$、$P(P_x,P_y,P_w,P_h)$ 分别表示目标框的准确位置（ground truth）、回归得到的预测框位置以及原始候选框位置，上述角标 x、y、w、h 分别表示框的中心点横、纵坐标以及宽、高。通过如下公式，可以对坐标偏移和尺度缩放进行归一化处理。

$$t_x = \frac{(G_x - P_x)}{P_w}, \quad \hat{t}_x = \frac{(\hat{G}_x - P_x)}{P_w} \qquad (8-1)$$

$$t_y = \frac{(G_y - P_y)}{P_h}, \quad \hat{t}_y = \frac{(\hat{G}_y - P_y)}{P_h} \qquad (8-2)$$

$$t_w = \log\left(\frac{G_w}{P_w}\right), \quad \hat{t}_w = \log\left(\frac{\hat{G}_w}{P_w}\right) \qquad (8-3)$$

$$t_h = \log\left(\frac{G_h}{P_h}\right), \quad \hat{t}_h = \log\left(\frac{\hat{G}_h}{P_h}\right) \qquad (8-4)$$

公式中的 t_x、t_y、t_w、t_h 就是归一化处理之后中间变量的准确值。因此，只要将网络在候选框上提取的特征向量作为输入向量，训练一个输出向量维数为 4 的全连接层，就可以得到一个回归器。训练的损失函数一般使用准确值 (t_x, t_y, t_w, t_h) 和预测值 $(\hat{t}_x, \hat{t}_y, \hat{t}_w, \hat{t}_h)$ 之间的欧氏距离。测试过程中，在候选框上提取特征后，通过回归器可以计算出 $(\hat{t}_x, \hat{t}_y, \hat{t}_w, \hat{t}_h)$ 的值，进而计算出预测框 $\hat{G}(\hat{G}_x, \hat{G}_y, \hat{G}_w, \hat{G}_h)$ 的值，其中，

$$\hat{G}_x = P_w \hat{t}_x + P_x \qquad (8-5)$$

$$\hat{G}_y = P_h \hat{t}_y + P_y \qquad (8-6)$$

$$\hat{G}_w = P_w \exp(\hat{t}_w) \qquad (8-7)$$

$$\hat{G}_h = P_h \exp(\hat{t}_h) \qquad (8-8)$$

为了简化计算，我们可以直接使用分类网络的中间特征图作为回归器的输入，R-CNN 的作者经过多次训练和测试的实验比对，选择了在最后一个池化层（pool5）之后，接一个输出维数为 4 的全连接层，来回归偏移量和缩放尺度，进而得到更准确的目标位置。

8.1.4 检测过程

在特征提取网络、SVM 分类器以及回归器网络都训练完成之后，就可以进行目标检测了。在执行检测任务的时候，首先对一张输入图像使用 Selective Search 提取 2000 个左右的候选框，然后把每个候选框中的图像缩放到 227 像素 × 227 像素的标

准尺寸，再使用特征提取网络对标准尺寸的图像进行特征提取，使得每一个候选框都提取到一个 4096 维的特征向量，最后把这个特征向量送到各个 SVM 分类器中进行分类，得分最高的类别就是预测目标的类别。将 pool5 输出的特征图输入回归器（全连接层），计算候选框需要的偏移量和缩放尺度，从而得到目标位置，即包围盒。到这一步，在图像上每个目标的附近，都会检测到非常多大面积重叠的检测框。使用前面章节中介绍的非极大值抑制（NMS）算法，对所有检测框的阈值进行降序排列，并按照阈值从大到小的顺序，对检测框进行遍历，去掉和当前框类别相同、IoU 大于指定阈值的重复框，直到完成对所有检测框的遍历。至此，我们就完成了一张图像的检测过程（R-CNN 检测流程如图 8-2 所示）。此时，往往会有误报的情况发生，例如此时检测出的框中，可能存在算法判定该框为某个待检目标类别，但实际上框选的图像是背景区域的情况。为了尽量减少误报，可以对每个目标类别分别设定检测阈值，只有大于这个阈值的时候，才认为检测结果有效。其实，误报和漏报是相互矛盾的，当模型训练完成后，其性能也就固定了，调节阈值是在误报和漏报之间找到一个可以接受的平衡点，真正要提升算法的性能，还是要从数据和算法层面进行改进。

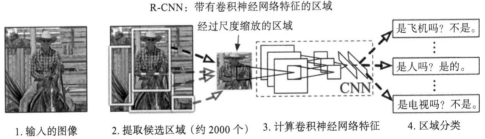

图 8-2   R-CNN 检测过程示意图

8.1.5   R-CNN 算法的重要意义

经过若干年的发展，人们已经探索出了很多性能远好于 R-CNN 的算法，如今在处理实际目标检测问题时，已经很少用到 R-CNN 了。我们之所以对其进行详细的介绍，原因在于 R-CNN 算法是目标检测领域的里程碑，其中蕴含的思想深刻地影响着当前乃至未来一段时间目标检测技术的发展。在之前的若干年中，人们一直采用复杂的方法组合手工设计的多种底层特征，并结合高层的结构约束来进行检测。R-CNN 算法的出现，从根本上改变了目标检测的技术路线。R-CNN 通过学习的方法，用卷积神经网络提取到更有分类能力的特征，在 VOC2012 测试集上，实现了 30% 的巨大性能提升。另外，在训练特征提取网络的过程中，R-CNN 还采用了一个非常值得借鉴的策略，在实际场景训练数据较少的情况下，先通过有大量标注数据的分类数据集进行预训练，然后在标注数据较少的实际使用的数据集上进行训练调优，显著提升了网络模型训练的效率，使得最终的模型训练更容易收敛。这一策略现在已经被广泛应用于大量实际场景的模型训练中。

当然，因为历史的局限性，所以 R-CNN 还有很多不够完善的地方，也正是基于其中若干不完善之处，人们相继提出了本章后面将介绍的一系列重要的改进算法。

8.2 SPP-Net 算法

R-CNN 的特征提取网络要求输入图像为固定尺寸，和人的视觉系统相比，这一约束其实非常不自然。R-CNN 对输入图像尺寸的这一约束，使得图像在进入网络之前，必须进行截取或拉伸，改变了图像原本的形态，直接影响了算法的性能。另外，R-CNN 在对各个候选框进行特征提取的过程中，也进行了非常多重复的卷积计算，导致算法耗时很长，很难在实时系统中使用。针对上述两个问题，何恺明等人提出了一种新的池化方法，即空间金字塔采样，而基于这种方法构建的卷积神经网络，称为 SPP-Net。下面将对空间金字塔采样和 SPP-Net 进行详细介绍。

8.2.1 空间金字塔采样

R-CNN 的出现，使得检测算法的性能有了显著提升，其中一个最为核心的思想是通过卷积神经网络进行特征提取。常规的卷积神经网络包含卷积层、池化层以及全连接层，虽然卷积层和池化层对输入尺寸（特征图的宽和高）没有限制，但是全连接层的输入和输出都是固定维度的特征，这就要求整个神经网络的输入图像需要具有固定的尺寸（例如 AlexNet 就要求输入图像的尺寸为 224 像素 × 224 像素）。把任意尺寸的图像变为固定尺寸，如图 8-3 所示，要么需要对原图进行截取（crop），要么需要对原图进行拉伸（warp），实际上都改变了图像原来的形态，会对识别效果产生影响。

基于上述原因，为了进一步提升算法的性能，一个直接的方法就是去掉对输入
图像尺寸的限制。因为全连接层严
格要求输入的特征维数，所以我们
可以在全连接层之前，插入一个采
样层，把之前经过一系列卷积层生
成的特征图采样成规定尺寸，这
个采样层称为空间金字塔采样层

截取   拉伸

图 8-3   将图像截取、拉伸成固定尺寸

（Spatial Pyramid Pooling layer，SPP layer）。图 8-4 显示了基于常规图像变换和基于
SPP 变换方法在网络计算过程中的区别，可以看出，SPP 的本质是将图像的特征，在
更深的网络层次中进行汇聚。

图 8-4   图像变换和 SPP 变换的对比

SPP 的具体实现方法可以参考图 8-5，在最后一个卷积层之后插入一个 SPP 层
（或替换原卷积层之后的池化层），在最后一个卷积层之后的特征图上，划分粗细尺度
不同的几级均匀网格（特征图的各通道切片上，网格划分的方式一致）。各级网格对
特征图进行了不同尺度的划分，构成了特征图的金字塔结构。对每级网格中的每个
单元，使用最大值池化或平均值池化，池化之后的结果融合在一起，构成长度固定
的特征向量。在 SPP 的过程中，对于不同大小的图像，同一层级网格单元格的数量
是相同的，每个单元格的尺寸和整个图像的尺寸成正比，这样就保证了无论输入图
像的尺寸如何，经过 SPP 层之后，都能变成同样维度的特征向量。向量的总维数为
$k \times M$，其中 k 表示 SPP 输入特征图的通道数（即最后一个卷积层卷积核的个数），M
表示在每个切片上，各级网格单元格数量之和。图 8-5 中使用了 3 个均匀网格，网格
的尺寸分别是 4×4、2×2 和 1×1，图中特征图的通道数为 256，经过 SPP 层之后，
图像的特征向量变换成（$4 \times 4 + 2 \times 2 + 1 \times 1$）$\times 256$ 维，维度和输入图像的分辨率及
宽高比都无关，从而消除了之前 R-CNN 算法中对输入图像尺寸的约束。

多尺度方法在图像分类和目标检测算法中有着非常重要的作用，在不同尺寸的

图像（图像金字塔）上提取 SIFT、HOG 等特征进行融合使用，能够明显提升算法的尺度鲁棒性。其实，对于神经网络提取的特征也一样，因为使用了 SPP 层，特征向量的维数和输入图像的尺寸无关，所以保证了我们在模型训练的时候能够对原图进行多尺寸缩放，大大增强了网络模型的尺度鲁棒性。

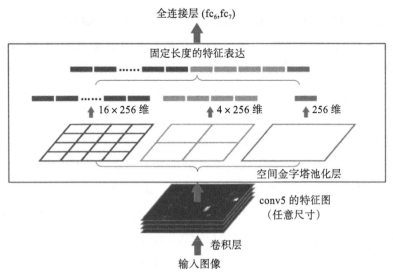

图 8-5 SPP 层操作示意图⊖

8.2.2 网络训练

原则上来说，SPP 对输入图像的尺寸没有要求，但在实现训练算法的时候，为了保证训练流水线计算的高效性，类似 caffe 这样的训练框架都约束了输入图像的尺寸。本节介绍 SPP-Net 的训练方法，对于单尺度训练和多尺度训练两种训练模式，将给出 SPP 的具体实现方案。

1. 单尺度训练

假设固定输入图像尺寸，比如 224 像素 ×224 像素，对于其他尺寸的输入图像，常规的做法是先缩放到比 224 像素 ×224 像素略大一些的尺寸，然后通过 224×224 的窗口进行滑窗截取，生成一系列 224 像素 ×224 像素的训练图像样本，这些固定

⊖ 图像来自 SPP-Net 算法论文："Spatial Pyramid Pooling in Deep Convolutional Networks for Visual Recognition"。

尺寸的样本经过一系列卷积计算后到达 SPP 层，通过 SPP 层的池化计算，生成固定尺寸的特征向量并传到网络后段。整个过程中，网络的各级特征图的尺寸在每次计算的时候不发生变化，因而无须动态分配存储空间，提升了整个计算流水线的效率。

2. 多尺度训练

多尺度训练和单尺度训练的区别是多尺度训练指定了输入图像的多个尺度，比如 224 像素 ×224 像素和 180 像素 ×180 像素，先通过截取获得的一系列 224 像素 ×224 像素的样本，再通过缩放生成对应的一系列 180 像素 ×180 像素的样本。在训练迭代过程中，先对所有 224 像素 ×224 像素的样本进行一次完整迭代，然后对所有 180 像素 ×180 像素的样本进行下一次完整迭代，再使用 224 像素 ×224 像素的样本进行完整迭代。如此往复交替进行训练过程。在整个过程中，模型权重参数的维数是一致的，每一次迭代的模型参数都是下一次迭代模型参数的初值。对于不同的输入图像尺寸，特征图的维度是变化的，需要分配不同大小的存储空间，但在同一尺寸的完整迭代过程中，特征图的维度是不变的，可以共享相同的存储空间。存储空间的切换，仅仅发生在不同尺寸迭代之间切换的时候，因此也可以保证整个训练过程的高效进行。指定多个输入图像尺寸的目的和图像金字塔的思想一致，就是使得算法模型具有更好的尺寸鲁棒性。

8.2.3　测试过程

与 R-CNN 算法类似，对于检测问题，在 SPP-Net 算法中，首先需要通过类似 Selective Search 方法生成一系列候选框。但在提取特征的过程中，SPP-Net 与 R-CNN 不同，其仅需要对全图进行一次卷积计算。对于每个候选框，根据候选框角点坐标和特征图上对应点坐标的映射关系，可以在特征图上找到对应的区域，无论特征图上的这个区域尺度如何，SPP 层都会将其变换成固定维度的特征向量传递到后段进行计算，最终得到对应候选框的特征。这之后的处理过程与 R-CNN 的流程相同，都是使用特征进行分类和位置修正，然后通过非极大值抑制（NMS）算法合并重复的结果，最后根据每个类的检出阈值输出最终的结果。整个测试过程的一个最大的改进，就是不再需要使用神经网络单独对每个候选框提取特征，只需进行一次卷积计算，仅仅在最后一个卷积层之后的特征图上使用 SPP 即可。这一改进，使得测试时的速度有了几十乃至上百倍的显著提升。

8.3 Fast R-CNN 算法及训练过程

如前文所述，R-CNN 显著提升了目标检测算法的性能，但因为计算过于复杂，耗时很长，所以在实际的应用系统中，大都无法使用。经过分析可知，R-CNN 的复杂性主要来自两个方面：一是需要针对大量的候选框分别进行计算；二是特征提取之后的分类器训练和位置回归，是几个独立步骤分别进行的。在训练过程中，提取的特征要先存储在硬盘上，然后训练 SVM 分类模型，最后训练位置回归模型，而测试过程也是类似的，特征提取之后，需要先进行 SVM 分类，再回归目标的准确位置，整个过程在计算时间和存储空间上，都需要很大的开销。8.2 节介绍的 SPP-Net 算法解决了前一个问题，通过共享特征图，整幅图像仅须进行一次卷积计算，但特征提取之后的处理仍然是分步骤独立进行的。本节介绍的 Fast R-CNN 算法，针对上述两个问题进行了改进，使得算法速度有了非常显著的提升。以一个较深的网络 VGG16 为例，Fast R-CNN 的训练速度是 R-CNN 的 9 倍，测试速度是 R-CNN 的 213 倍；即使和 SPP-Net 相比，Fast R-CNN 的训练速度和测试速度，也分别有了 3 倍和 10 倍的提升。

如图 8-6 所示，在测试阶段，Fast R-CNN 将整幅图像和图像上生成的一系列候选框作为输入，通过卷积层和池化层计算得到特征图。对于每个候选框，使用下文将要介绍的 ROI 池化层，从每个候选框对应的特征图区域提取固定长度的特征向量。固定长度的特征向量经过若干全连接层的计算后，分成两个分支，一个分支通过 softmax 方法对候选框中的图像进行分类，另一个分支通过回归目标框相对于候选框的偏移量和缩放尺度来预测目标的准确位置。

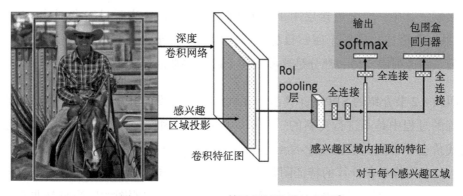

图 8-6 Fast R-CNN 算法测试阶段流程图⊖

⊖ 图像来源：Faster R-CNN 算法论文 "Towards real-time object detection with region proposal networks"。

8.3.1 ROI 池化层

要使得网络能够适应各种尺寸图像的输入，和 SPP-Net 类似，在最后一个卷积层之后，也需要加入一步操作，以保证输出的特征图具有固定的尺寸。为了提高算法效率，Fast R-CNN 对整幅图像也只做一次卷积运算，所有的候选框共享各个卷积层输出的特征图。对于每个候选框，都可以通过映射关系在最后一个卷积层输出的特征图上找到其对应的感兴趣区域（Region Of Interest，即 ROI）。我们在每个 ROI 区域上划分固定尺寸的均匀网格（比如，划分成 7×7 的网格），因为网格中每个单元格的宽高和特征图的宽高成正比，所以经过 ROI 池化层之后输出的特征图就具有了相同的尺寸。在每个单元格内使用最大值池化之后，原来的特征图就被映射成一个较小的固定尺寸的新特征图。

很容易看出，这里介绍的 ROI 池化层，本质上就是 SPP 层的一个特例。

8.3.2 模型训练

和 R-CNN 的训练过程类似，Fast R-CNN 的网络模型也使用 ImageNet 分类数据集进行预训练。除此之外，为了能够实现检测任务，Fast R-CNN 需要对原始的分类网络进行结构调整。

第一步，把最后一个池化层替换成上文所述的 ROI 池化层，网格的行数 H 和列数 W 需要与其后第一个全连接层的输入尺度相匹配（例如，对于 VGG16，$W=H=7$）。第二步，将最后一个全连接层（用于 ImageNet 的 1000 个分类），替换成 2 个并行的全连接层，其中一个全连接层用于分类（$k+1$ 个类别，k 表示目标类别数，1 表示背景），另一个全连接层用于回归目标框的位置。第三步，网络的输入变更为两部分，一部分是图像列表，另一部分是这些图像上的感兴趣区域，即 ROI。

回顾 8.2 节介绍的 SPP-Net 算法，在训练调优阶段，SPP 层之前的网络参数在实际训练的过程中是不进行更新的。其中一个根本原因就是，如果更新全部参数，计算的代价会非常高。根据 SPP-Net 算法，一个批次的 ROI 图像可能来自不同的原始图像，这些图像卷积计算的特征图是无法共享的（但同一张图像卷积计算的特征图是可以共享的）。另外，在 SPP 层的特征图上，每个点对应原图的感受野都非常大，对于比较深的卷积结构，几乎覆盖了整个原图，使得每次迭代进行前向推理时，都需要分别在多个图像上进行卷积计算，效率十分低。那么，是否有一种方法，既能在训练调优的过程中更新所有的卷积层，又能保证比较高的计算效率呢？正是基于这样的考虑，Fast R-CNN 的作者设计了一套独特的训练方法。

Fast R-CNN 在训练过程中，假设每次迭代输入 ROI 图像的个数是 R（batch size = R），这 R 个 ROI 来自固定数量的 N 张图像，每张图像包含 R/N 个 ROI，因为同一张图像的各个 ROI 能共享卷积计算结果，所以可以通过减少 N 的数量来提升计算效率。不过，如果所有 ROI 都来自同一个原始图像，各个 ROI 的相关度会过高，不利于模型收敛，在计算效率和模型收敛效率之间，需要找到一个平衡点。在实际训练的过程中，通常选取 $N = 2$，$R = 128$。在训练时，每个批次选取 2 张图像，每张图像上再分别选取 64 个 ROI 作为输入进行计算。通过这样的方式，每次迭代的计算速度大致是分别从 128 张不同图像上选取 ROI 计算速度的 64 倍。

Fast R-CNN 和 R-CNN、SPP-Net 相比，另一个明显的改进是采用了多任务（multi-task）策略。Fast R-CNN 网络有两个并行的输出分支，对于每个 ROI，第一个分支计算 k 个目标类别 +1 个背景类别的分类概率 $P = (p_0, p_1, \cdots, p_k)$，这 $k+1$ 个分类概率一般是通过在全连接层之后计算 softmax 得到的。第二个输出分支计算候选框归一化的偏移量和缩放尺度（具体定义参考 8.1.3 节的介绍）。我们把第 k 个类别对应的归一化的偏移量和缩放尺度记为 $t^k = (t_x^k, t_y^k, t_w^k, t_h^k)$，对于每个 ROI，通过下面的公式计算分类和位置回归的联合损失，

$$L(p, u, t^u, v) = L_{cls}(p, u) + \lambda[u \geq 1]L_{loc}(t^u, v) \tag{8-9}$$

其中分类损失

$$L_{cls}(p, u) = -\log P_u \tag{8-10}$$

其中 u 表示真实的类别；位置损失 $L_{loc}(t^u, v)$ 表示对于类别 u，真实的归一化偏移量及缩放尺度元组 (v_x, v_y, v_w, v_h) 与实际预测的归一化偏移量及缩放尺度元组 $(t_x^u, t_y^u, t_w^u, t_h^u)$ 之间的差异，通常可以用两个元组之间的 L_1 距离或 L_2 距离来度量。Fast R-CNN 的作者使用了一种介于 L_1 距离和 L_2 距离之间的度量方法，具体如下所示：

$$L_{\text{loc}}(t^u, v) = \sum_{i \in \langle x, y, w, h \rangle} \text{smooth}_{L_1}(t_i^u - v_i) \qquad (8\text{-}11)$$

其中，

$$\text{smooth}_{L_1}(x) = \begin{cases} 0.5x^2 (|x| < 1) \\ |x| - 0.5 (|x| \geq 1) \end{cases} \qquad (8\text{-}12)$$

损失函数计算公式（8-9）中的 $[x]$ 是一个示性函数，当 $x = \text{true}$ 时，$[x]=1$；当 $x = \text{false}$ 时，$[x]=0$。因此，当 u 是目标类别时，$u \geq 1$ 的取值为 true，$[*]=1$，损失函数由分类损失 L_{cls} 和位置损失 L_{loc} 两者构成，当 u 是背景时，$u \geq 1$ 的取值为 false，$[*]=0$，损失函数仅由分类损失 L_{cls} 构成。损失函数计算公式中的 λ 是一个权重因子，用于调节 L_{cls} 和 L_{loc} 的比例，通常情况下取 $\lambda = 1$，即 L_{cls} 和 L_{loc} 按照等比例相加。

在调优训练的过程中，假设进行 SGD 优化的每个小批次都会使用 128 个 ROI，这些 ROI 分别来自样本数据集中随机选取的 2 张图像（实际操作的时候会遍历整个样本集），每张图像上各自选择 64 个 ROI。这 64 个 ROI 中，25% 是前景目标，75% 是背景。划分前景、背景的依据是 ROI 和真值的交并比（IoU），当 IoU $\in [0.5, 1]$ 时，ROI 作为前景目标，当 IoU $\in [0.1, 0.5)$ 时，ROI 作为背景，当 IoU < 0.1 时 ROI 不参与最开始的训练。训练好一个模型后，使用这些 IoU < 0.1 的 ROI 进行难例挖掘（hard example mining）以进一步调优训练。在训练的过程中，为了增加样本的多样性，一般会使用 50% 的概率随机水平翻转图像，以此进行样本扩充。

训练过程中，需要计算 ROI 池化层的前向传播和后向传播。这里假设一个小批次的所有 ROI 都来自 1 张图像（前向传播的过程，对每张图像都是独立处理的，因此 N > 1 的情况类似，可以直接推广过去）。假设 x_i 是 ROI 池化层的第 i 个输入，y_{rj} 是 ROI 池化层对 r 个 ROI 进行最大池化后的第 j 个输出，经过 ROI 池化层的前向传播，$y_{rj} = x_{i^*(r,j)}$，其中 $i^*(r,j) = \text{argmax}_{i' \in R(r,j)} x_{i'}$，$R(r,j)$ 表示所有以 y_{rj} 为最大池化输出的所有 x_i 对应的指标 i 的集合。对于反向传播，损失函数相对于 ROI 层的输入 x_i，偏导数为

$$\frac{\partial L}{\partial x_i} = \sum_r \sum_j [i = i^*(r,j)] \frac{\partial L}{\partial y_{rj}} \qquad (8\text{-}13)$$

这个公式的意思是，ROI 池化层输入变量的导数等于各个 ROI 经过最大池化后输出变量的导数之和。因为最终的损失等于每个 ROI 带来的损失之和，所以利用求导公式以及最大池化的反向传播公式，很容易推导出上述结论。

为了适应不同的尺度目标，可以直接基于多尺度样本训练具有多尺度检测能力的模型，也可以在测试的时候，把待测试图像缩放为几个不同尺度，构造图像金字塔，使用模型在金字塔的每一层进行测试，以此提高模型对多尺度目标的检测能力。第 9 章将介绍的 FPN 方法就是以另一种更为高效的手段解决多尺度目标检测的问题。

8.3.3 测试过程

在基于 Fast R-CNN 进行测试的时候，首先通过 Selective Search 等方法，在原始图像上生成 2000 个左右的候选框，对于每个候选框，使用训练好的模型进行预测，预测结果为各个类别的分类概率，以及每个分类所对应的包围盒相对于原始候选框位置的偏移量和缩放尺度。待所有的候选框都预测完毕，会得到大量的包围盒，使用前面介绍的非极大值抑制方法对包围盒进行合并，就得到了最终的预测结果。为了使预测更具有尺度鲁棒性，可以基于原始图像构造不同尺度的图像金字塔，把金字塔的每一层图像分别送入 Fast R-CNN 进行检测，从而得到对尺度变化更加鲁棒的结果。

8.4 Faster R-CNN 算法及训练过程

8.3 节介绍的 Fast R-CNN 算法相对于 R-CNN 有了很大的改进：一方面，一张图像上的各个候选框共享特征；另一方面，类别预测和位置回归在一个前向推理阶段完成。这两点使得检测算法的速度有了显著提升。但是，候选框的生成和后面的前向推理还是两个独立的处理过程，两个过程的衔接成了制约检测流程的瓶颈。本节介绍的 Faster R-CNN 方法正是针对这一瓶颈进行了改进，使得整个目标检测过程构成一个端到端的完整流程。

基于候选框的算法，比如 Selective Search 等，都基于 CPU 进行计算，无法利用 GPU 的高并行性进行加速，而基于神经网络的方法，则可以充分利用 GPU 并行计算的优势，极大地提升了算法速度。如果能够通过神经网络的方法提取候选框，就可以更进一步地提升整个算法的执行速度。Faster R-CNN 就是基于这个思路，将一个全卷积网络作为候选框提取网络（Region Proposal Network，RPN），来提取各种尺度和宽高比的候选框。为了更进一步地提升效率，后续的目标检测算法和 RPN 网络共享卷积特征，使得整个检测过程更加流畅，整体速度得到了显著提升。

Faster R-CNN 算法由两个主要的模块组成，如图 8-7 所示，第一个模块是用于提取候选框的全卷积网络（RPN），第二个模块是基于候选框的 Fast R-CNN 目标检测器。整个检测过程通过一个网络完成。Faster R-CNN 使用了所谓的关注（attention）机制，RPN 模块告诉 Faster R-CNN 需要关注哪里。

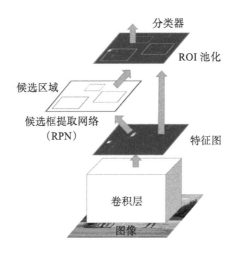

图 8-7   Faster R-CNN 算法框架

8.4.1   候选框提取网络

候选框提取网络（RPN）其实是一个全卷积网络，以任意大小的图像作为输入，输出一系列候选框以及每个候选框对应的分数值，这个分数值用于衡量候选框框中目标的概率。为了提升算法的整体速度，Faster R-CNN 在设计上采用了 RPN 和 Fast R-CNN 共享部分卷积特征的方式。

为了生成候选框，Faster R-CNN 使用一个卷积网络在共享特征的最后一层特征图上进行滑窗操作，每次滑窗，在特征图上截取 $n \times n \times d$ 大小的特征块（其中 n 表示滑窗卷积网络输入窗口的宽和高，d 表示共享卷积特征最后一层特征图的通道数），经过滑窗卷积网络后输出一个低维特征，并分别送入两个并列的全连接层，其中一个全连接层用于分类，判断当前滑窗对应的图像区域是否包含目标，另一个全连接层用于回归候选框的位置，判断当前候选框相对于当前滑窗所对应图像区域的位置偏移量及缩放尺度。很显然，这一计算过程可以通过先在原先的卷积层之后加入新的与滑动窗口大小相匹配的卷积层，再并联两个全连接层的网络结构来实现。滑窗卷积网络选取 $n = 3$，共享卷积网络为 ZF 网络时，滑窗卷积网络对应的输出为 256 维，共享卷积网络为 VGG16 时，滑窗卷积网络对应的输出为 512 维，并以 ReLU 作为卷积网络最终输出的激活函数。在共享卷积特征的最后一层特征图上，每个特征都有很大的感受野，共享卷积网络为 ZF 网络时，对应的感受野为 171 像素 × 171 像素，共享卷积网络为 VGG16 时，对应的感受野为 228 像素 × 228 像素。

1. 锚

参考图 8-8，在每个滑窗位置，我们会同时预测多个候选框。假设需要预测的候选框的个数为 k，则用于回归候选框位置的全连接层（回归层）有 $4k$ 个输出，分别是规范化的水平方向及垂直方向的位置偏移量和缩放尺度；用于类别判别的全连接层（分类层）有 $2k$ 个输出，分别是当前预测框框中目标或未框中目标的概率。这 k 个待预测的候选框中，每一个框的偏移和缩放都基于一个固定的参考框。k 个待预测框对应 k 个参考框，每个参考框相对于滑窗的感受野的位置都是固定的，即都有固定的大小和宽高比。这样的参考框，我们称之为锚（anchor）。对于任意一个滑窗位置，各个锚的中心点和滑动窗口在原图上感受野的中心点重合，设定若干锚需要取到的面积尺度和宽高比，则对于每个滑窗位置，锚的个数都是固定的（比如，面积设定为 128^2、256^2 和 512^2 3 个尺度，宽高比设定为 1∶1、1∶2 和 2∶1，则每个滑窗位置对应 $3 \times 3 = 9$ 个锚）。通常情况下，每个滑窗位置会设置 3 个面积尺度和 3 个宽高比，如图 8-8 所示，每个滑窗位置包含 $k = 3 \times 3 = 9$ 个锚，如果一个特征图的宽和高分别为 W 和 H，则总的锚个数为 $W \times H \times k$。

这种定义锚的方法有一个显著特征：检测结果相对于目标在图像中的位置具有平移不变性。道理很简单，在原始图像上，如果一个目标可以被某个滑窗位置对应的一个锚框中，把该目标平移到图像中的另一个位置后，也能够被另一个滑窗位置对应的锚框中。

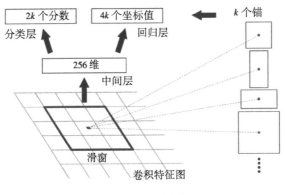

图 8-8　锚示意图

为了提升检测算法的尺度鲁棒性，前文介绍了两种思路：一种是使用原始图像金字塔 / 特征图像金字塔，算法在金字塔的每一层进行检测；另一种是使用多尺度滑动窗口，分别在原始图像 / 特征图像上进行滑窗计算。本节介绍的基于锚的方法是第三种用于提升算法尺度鲁棒性的思路，其本质就是使用不同尺度的锚覆盖图像区域，使得不同尺度的目标有更多被框中的机会。这种方法仅仅基于原始的图像 / 特征图像，相比前两种方法，计算开销更少。

2. 损失函数

在训练候选框提取网络的时候，锚被分成两类，框中目标的锚被标记为正样本（positive），未框中目标的锚被标记为负样本（negative）。所谓正样本，是通过锚与真值相交的情况来定义的，具体而言，基于两种方式实现。对于每一个真值，所有锚与这个真值要么相交，要么不相交，在相交的情形中：与这个真值有最大交并比的那个锚标记为正样本；与这个真值的交并比 > 0.7 的那些锚也标记为正样本。所谓负样本，指的是与所有真值的交并比 < 0.3 的锚。除此之外的其他情况的锚不需要标记，在模型训练的过程中不会被使用。

基于这样的定义，可以给出 RPN 损失函数的公式：

$$L(\{p_i\},\{t_i\}) = \frac{1}{N_{\text{cls}}}\sum_i L_{\text{cls}}(p_i, p_i^*) + \lambda \frac{1}{N_{\text{reg}}}\sum_i p_i^* L_{\text{reg}}(t_i, t_i^*) \qquad (8\text{-}14)$$

其中 i 表示一个训练批次中的一个锚，p_i 表示第 i 个锚框中目标的概率，p_i^* 表示第

i 个锚框中目标的概率的真值，当锚框中目标时，$p_i^* = 1$；当锚未框中目标时，$p_i^* = 0$。t_i 和 t_i^* 分别表示包含 4 个元素的向量，当第 i 个锚框中目标时，这两个向量才有定义，t_i 表示锚与预测框之间规范化的偏移量和缩放尺度，t_i^* 表示锚与真值之间规范化的偏移量和缩放尺度。分类损失 L_{cls} 是二类问题（框中目标、未框中目标）的对数损失，其定义同式（8-10）；位置回归损失 L_{reg} 是一个经过平滑改造的 L_1 损失，其定义同式（8-11）和式（8-12）；$p_i^* L_{reg}$ 的含义是，当锚框中目标，即 $p_i^* = 1$ 时，才会计算回归损失 L_{reg}，当锚未框中目标，即 $p_i^* = 0$ 时，回归损失不参与计算。

公式中 N_{cls} 的作用是归一化类别损失，其在数值上等于一个训练批次中的样本数量（比如，$N_{cls} = 256$）；N_{reg} 的作用是归一化回归损失，其在数值上等于锚的位置数量（比如，$N_{reg} = W \times H = 2400$）；$\lambda$ 是一个比例因子，用于平衡类别损失和回归损失的比例（比如，当 $N_{cls} = 256$，$N_{reg} = 2400$ 时，取 $\lambda = 10$，以保证对于一个锚来说，分类损失和回归损失具有近似相等的权重）。

$L_{reg}(t_i, t_i^*)$ 的具体计算过程中使用了规范化的偏移量和缩放尺度，具体规范化的方式同式（8-1）～式（8-4）。从公式上可以看出，整个回归过程本质上就是以锚为初始位置，回归其附近一个真值的过程。回归所使用的特征，就是当前滑动窗口所截取的特征图块（比如，一个 $3 \times 3 \times d$ 的特征图块，3×3 为滑动窗口的尺寸，d 为特征图的通道数）。因为每个滑窗位置对应 k 个不同尺寸和宽高比的锚，训练过程实际上就是分别学习每个锚的变换参数的过程。

3. 训练候选框提取网络

训练候选框提取网络仍然采用随机梯度下降法（SGD），为了提升训练速度，每个训练批次的锚都来自同一图像上的随机采样。一般情况下，随机选取锚在概率上会比较偏向未框中目标，为了保证训练样本的均衡，需要人为地尽量保持框中目标的锚（正样本）与未框中目标的锚（负样本）在数量上保持 1：1 的比例。比如一个小批次如果包含 256 个锚，就要求这 256 个锚中，有 128 个为正样本，另外 128 个为负样本，当实际情况下确实无法选到 128 个正样本时，再使用负样本补齐差额。

实际训练时，一个常用的做法是基于 ImageNet 进行预训练。对于新增的网络层，一般使用均值为 0，标准差为 0.01 的高斯分布进行初始化，然后对整个网络基于新的样本数据进行调优训练。

8.4.2　RPN 和 Fast R-CNN 共享特征的方法

在检测过程中，RPN 的作用是输出候选框，Fast R-CNN 的作用是基于候选框进行目标检测，两个网络的训练和预测过程目前彼此独立。为了更进一步地提升算法的整体效率，可以让这两个网络共享基础的卷积特征，然后设计另一个一致网络来处理候选框提取和目标检测这两个过程。为了实现这个目标，可以采取如下 3 种方法。

1. 交替训练法

先训练 RPN，然后基于 RPN 输出的候选框，以 RPN 的卷积层参数作为初值训练 Fast R-CNN，再用 Fast R-CNN 的卷积层参数作为初值训练 RPN。如此反复迭代，得到共享基础卷积层的 RPN 和 Fast R-CNN。交替训练法在实际应用过程中，大致分为 4 个步骤：第一步，基于 ImageNet 的预训练模型，端到端地训练用于提取候选框的 RPN；第二步，同样基于 ImageNet 的预训练模型，使用第一步 RPN 输出的候选框，训练 Fast R-CNN，此时 RPN 和 Fast R-CNN 两个网络尚无共享的卷积层；第三步，使用 Fast R-CNN 初始化 RPN，在训练 RPN 的时候，固定底层共享的卷积层网络参数，仅迭代调优 RPN 中共享卷积层以外的网络参数；第四步，训练 Fast R-CNN，同样固定底层共享的卷积层网络参数，仅迭代调优 Fast R-CNN 中共享卷积层以外的网络参数。通过上述 4 个步骤，就得到了一个统一的共享底层卷积特征的用于目标检测的整体网络。上述交替训练的过程可以重复多次，但实验表明，多次迭代对最终的算法性能并没有明显的提升。

2. 近似联合训练法

如前文图 8-7 所示，训练网络的时候，将 RPN 和 Fast R-CNN 合并在一起，共用底层的卷积层。每次 SGD 迭代，网络前向传播预测的候选框被视为固定的，用作训练 Fast R-CNN 的候选框。反向传播时，共享的卷积层将 RPN 和 Fast R-CNN 回传的梯度相融合，使用融合后的梯度进行网络参数更新。虽然这种方法实现起来比较容易，但只是一种近似的处理，各个候选框的坐标其实也是变量，也需要参与反向传播的求导过程。在实际实验中，通过近似联合训练法可以得到与交替训练法近似的结果，但耗费的时间只有交替训练法的 25% ～ 50%，因此也是一种经常被采用的方法。

3. 严格意义上的联合训练法

和近似联合训练法不同，严格意义上的联合训练法将候选框的坐标也作为变量，在反向传播过程中进行求导。整个过程比较复杂，超出了本书讨论的范围，而且这种方法在实际场景中很少使用，这里不再赘述。

8.5　Faster R-CNN 代码解析

Faster R-CNN 是目前应用最为广泛的两阶段目标检测算法，mmdetection 工具包已经包含了其完整的代码实现，根据第 6 章介绍的方法进行相关配置，就可以直接进行训练和测试了。为了进一步加深对算法的理解，本节将对 Faster R-CNN 代码进行解析。因为 mmdetection 中代码结构比较复杂，读者理解起来相对困难，所以本书基于 GitHub 上的一个简单实现 simple-faster-rcnn-pytorch 进行讲解，目的是让读者能够更加快速地掌握算法本质，也为以后阅读更加完善的实现代码打下基础。读者可以访问 GitHub 项目主页 https://github.com/chenyuntc/simple-faster-rcnn-pytorch 下载相应代码，本节将对其中的关键部分进行讲解，读者无须过度关注具体的实现细节，能够通过代码加深对算法的理解即可。

8.5.1　代码整体结构

一套完整的 Faster R-CNN 代码，至少包含如下 4 个部分。

1）训练 / 测试数据（Dataset）处理模块：用于读取图像和标注信息，并转换成算法需要的数据格式。

2）特征提取主干网络（backbone）：用于提取基础特征。

3）候选框提取网络（RPN）：基于 backbone 提取的特征，用于预测候选框。

4）Fast R-CNN 算法模块：基于 backbone 提取的特征，用于对候选框进行分类和目标位置的回归。

整套代码以 train.py 中的 train 方法为训练入口，train 中包含了上述 4 个部分，也包含了性能评估的过程。整套代码使用 VGG16 作为主干网络。

模型训练的外围代码如下（train.py）。

```python
# 模型训练
def train(**kwargs):
    opt._parse(kwargs)

    dataset = Dataset(opt)
    print('load data')
    # 训练数据加载模块 dataloader
    dataloader = data_.DataLoader(dataset, \
                            batch_size=1, \
                            shuffle=True, \
                            # pin_memory=True,
                                num_workers=opt.num_workers)
    testset = TestDataset(opt)
    # 测试数据加载模块 dataloader
    test_dataloader = data_.DataLoader(testset,
                            batch_size=1,
                            num_workers=opt.test_num_workers,
                            shuffle=False, \
                            pin_memory=True
                            )
    # 基于 VGG16 构建 faster_rcnn
    faster_rcnn = FasterRCNNVGG16()
    print('model construct completed')
    # 构建训练器
    trainer = FasterRCNNTrainer(faster_rcnn).cuda()
    if opt.load_path:
        trainer.load(opt.load_path)
        print('load pretrained model from %s' % opt.load_path)
    trainer.vis.text(dataset.db.label_names, win='labels')
    best_map = 0
    lr_ = opt.lr
    # 迭代训练
    for epoch in range(opt.epoch):
        trainer.reset_meters()
        for ii, (img, bbox_, label_, scale) in tqdm(enumerate(dataloader)):
            scale = at.scalar(scale)
            img, bbox, label = img.cuda().float(), bbox_.cuda(), label_.cuda()
            # 一次模型更新
            trainer.train_step(img, bbox, label, scale)

            if (ii + 1) % opt.plot_every == 0:
                if os.path.exists(opt.debug_file):
                    ipdb.set_trace()

                trainer.vis.plot_many(trainer.get_meter_data())

                ori_img_ = inverse_normalize(at.tonumpy(img[0]))
                gt_img = visdom_bbox(ori_img_,
                            at.tonumpy(bbox_[0]),
```

```
                            at.tonumpy(label_[0]))
                trainer.vis.img('gt_img', gt_img)

                _bboxes, _labels, _scores = trainer.faster_rcnn.predict([ori_
                    img_], visualize=True)
                pred_img = visdom_bbox(ori_img_,
                                at.tonumpy(_bboxes[0]),
                                at.tonumpy(_labels[0]).reshape(-1),
                                at.tonumpy(_scores[0]))
                trainer.vis.img('pred_img', pred_img)

                trainer.vis.text(str(trainer.rpn_cm.value().tolist()),
                    win='rpn_cm')
                trainer.vis.img('roi_cm', at.totensor(trainer.roi_cm.conf,
                    False).float())
            # 性能评估
            eval_result = eval(test_dataloader, faster_rcnn, test_num=opt.test_num)
            trainer.vis.plot('test_map', eval_result['map'])
            lr_ = trainer.faster_rcnn.optimizer.param_groups[0]['lr']
            log_info = 'lr:{}, map:{},loss:{}'.format(str(lr_),
                                            str(eval_result['map']),
        str(trainer.get_meter_data()))
            trainer.vis.log(log_info)

            if eval_result['map'] > best_map:
                best_map = eval_result['map']
                best_path = trainer.save(best_map=best_map)
            if epoch == 9:
                trainer.load(best_path)
                trainer.faster_rcnn.scale_lr(opt.lr_decay)
                lr_ = lr_ * opt.lr_decay

            if epoch == 13:
                break
```

模型性能评测的外围代码如下（train.py）。

```
# 性能评测
def eval(dataloader, faster_rcnn, test_num=10000):
    pred_bboxes, pred_labels, pred_scores = list(), list(), list()
    gt_bboxes, gt_labels, gt_difficults = list(), list(), list()
    for ii, (imgs, sizes, gt_bboxes_, gt_labels_, gt_difficults_) in
        tqdm(enumerate(dataloader)):
        sizes = [sizes[0][0].item(), sizes[1][0].item()]
        # 调用 faster_rcnn.predict() 进行预测
        pred_bboxes_, pred_labels_, pred_scores_ = faster_rcnn.predict(imgs,
            [sizes])
        gt_bboxes += list(gt_bboxes_.numpy())
```

```
        gt_labels += list(gt_labels_.numpy())
        gt_difficults += list(gt_difficults_.numpy())
        pred_bboxes += pred_bboxes_
        pred_labels += pred_labels_
        pred_scores += pred_scores_
        if ii == test_num: break

# 计算 ap 值
result = eval_detection_voc(
        pred_bboxes, pred_labels, pred_scores,
        gt_bboxes, gt_labels, gt_difficults,
        use_07_metric=True)
    return result
```

参数更新逻辑代码如下（trainer.py）。

```
def train_step(self, imgs, bboxes, labels, scale):
    self.optimizer.zero_grad()
    # 前向传播
    losses = self.forward(imgs, bboxes, labels, scale)
    # 梯度反向传播
    losses.total_loss.backward()
    # 模型参数更新
    self.optimizer.step()
    self.update_meters(losses)
    return losses
```

前向传播包括 4 个操作：基于主干网络提取特征、基于 RPN 选取候选框、基于 Fast R-CNN 回归目标框的类别概率和坐标，以及计算损失，代码如下（trainer.py）。

```
def forward(self, imgs, bboxes, labels, scale):
    """Forward Faster R-CNN and calculate losses.

    Here are notations used.

    * :math:`N` is the batch size.
    * :math:`R` is the number of bounding boxes per image.

    Currently, only :math:`N=1` is supported.

    Args:
        imgs (~torch.autograd.Variable): A variable with a batch of images.
        bboxes (~torch.autograd.Variable): A batch of bounding boxes.
            Its shape is :math:`(N, R, 4)`.
        labels (~torch.autograd..Variable): A batch of labels.
            Its shape is :math:`(N, R)`. The background is excluded from
```

```
        the definition, which means that the range of the value
        is :math:`[0, L - 1]`. :math:`L` is the number of foreground
        classes.
    scale (float): Amount of scaling applied to
        the raw image during preprocessing.

Returns:
    namedtuple of 5 losses
"""
n = bboxes.shape[0]
if n != 1:
    raise ValueError('Currently only batch size 1 is supported.')

_, _, H, W = imgs.shape
img_size = (H, W)

# 基于主干网络提取特征
features = self.faster_rcnn.extractor(imgs)

# 基于 RPN 提取候选框
rpn_locs, rpn_scores, rois, roi_indices, anchor = \
    self.faster_rcnn.rpn(features, img_size, scale)

bbox = bboxes[0]
label = labels[0]
rpn_score = rpn_scores[0]
rpn_loc = rpn_locs[0]
roi = rois

sample_roi, gt_roi_loc, gt_roi_label = self.proposal_target_creator(
    roi,
    at.tonumpy(bbox),
    at.tonumpy(label),
    self.loc_normalize_mean,
    self.loc_normalize_std)

sample_roi_index = t.zeros(len(sample_roi))
# 基于 Fast R-CNN 算法, 回归目标框的类别概率和坐标
roi_cls_loc, roi_score = self.faster_rcnn.head(
    features,
    sample_roi,
    sample_roi_index)

# ----------------- RPN losses -----------------#
gt_rpn_loc, gt_rpn_label = self.anchor_target_creator(
    at.tonumpy(bbox),
    anchor,
    img_size)
```

```
gt_rpn_label = at.totensor(gt_rpn_label).long()
gt_rpn_loc = at.totensor(gt_rpn_loc)
rpn_loc_loss = _fast_rcnn_loc_loss(
    rpn_loc,
    gt_rpn_loc,
    gt_rpn_label.data,
    self.rpn_sigma)

rpn_cls_loss = F.cross_entropy(rpn_score, gt_rpn_label.cuda(), ignore_
    index=-1)
_gt_rpn_label = gt_rpn_label[gt_rpn_label > -1]
_rpn_score = at.tonumpy(rpn_score)[at.tonumpy(gt_rpn_label) > -1]
self.rpn_cm.add(at.totensor(_rpn_score, False), _gt_rpn_label.data.long())

# ------------------ ROI losses (Fast R-CNN loss) -------------------#
n_sample = roi_cls_loc.shape[0]
roi_cls_loc = roi_cls_loc.view(n_sample, -1, 4)
roi_loc = roi_cls_loc[t.arange(0, n_sample).long().cuda(), \
                      at.totensor(gt_roi_label).long()]
gt_roi_label = at.totensor(gt_roi_label).long()
gt_roi_loc = at.totensor(gt_roi_loc)

roi_loc_loss = _fast_rcnn_loc_loss(
    roi_loc.contiguous(),
    gt_roi_loc,
    gt_roi_label.data,
    self.roi_sigma)

roi_cls_loss = nn.CrossEntropyLoss()(roi_score, gt_roi_label.cuda())

self.roi_cm.add(at.totensor(roi_score, False), gt_roi_label.data.long())

losses = [rpn_loc_loss, rpn_cls_loss, roi_loc_loss, roi_cls_loss]
losses = losses + [sum(losses)]

return LossTuple(*losses)
```

本节介绍的是代码的整体框架，下面分别介绍其中几个重要部分的具体实现。

8.5.2　数据加载

代码使用的是 PASCAL VOC 数据集，通过 VOCBboxDataset 加载数据，代码如下（dataset.py）。

```
# 数据集加载
class Dataset:
```

```
def __init__(self, opt):
    self.opt = opt
    # 使用 VOCBboxDataset 加载数据
    self.db = VOCBboxDataset(opt.voc_data_dir)
    # 数据标准化
    self.tsf = Transform(opt.min_size, opt.max_size)

def __getitem__(self, idx):
    ori_img, bbox, label, difficult = self.db.get_example(idx)

    img, bbox, label, scale = self.tsf((ori_img, bbox, label))
    # TODO: check whose stride is negative to fix this instead copy all
    return img.copy(), bbox.copy(), label.copy(), scale

def __len__(self):
    return len(self.db)
```

使用 Transform() 函数进行图像数据和标注数据的标准化处理，代码如下（dataset.py）。

```
# 数据标准化
class Transform(object):

    # 限制最长边和最短边
    def __init__(self, min_size=600, max_size=1000):
        self.min_size = min_size
        self.max_size = max_size

    def __call__(self, in_data):
        img, bbox, label = in_data
        _, H, W = img.shape
        # 图像标准化
        img = preprocess(img, self.min_size, self.max_size)
        _, o_H, o_W = img.shape
        scale = o_H / H
        # 使用图像缩放的尺度，同比例缩放目标框的坐标
        bbox = util.resize_bbox(bbox, (H, W), (o_H, o_W))

        img, params = util.random_flip(
            img, x_random=True, return_param=True)
        bbox = util.flip_bbox(
            bbox, (o_H, o_W), x_flip=params['x_flip'])

        return img, bbox, label, scale
```

图像的标准化处理方法为限制宽高的范围，等比例对图像进行缩放，然后进行减均值除方差的操作，代码如下（dataset.py）。

```
# 图像标准化操作
def preprocess(img, min_size=600, max_size=1000):
    """Preprocess an image for feature extraction.

    The length of the shorter edge is scaled to :obj:`self.min_size`.
    After the scaling, if the length of the longer edge is longer than
    :param min_size:
    :obj:`self.max_size`, the image is scaled to fit the longer edge
    to :obj:`self.max_size`.

    After resizing the image, the image is subtracted by a mean image value
    :obj:`self.mean`.

    Args:
        img (~numpy.ndarray): An image. This is in CHW and RGB format.
            The range of its value is :math:`[0, 255]`.

    Returns:
        ~numpy.ndarray: A preprocessed image.

    """
    C, H, W = img.shape
    scale1 = min_size / min(H, W)
    scale2 = max_size / max(H, W)
    # 保证长边不超过1000，短边不超过600
    scale = min(scale1, scale2)
    # 归一化处理到0 ~ 1
    img = img / 255.
    img = sktsf.resize(img, (C, H * scale, W * scale), mode='reflect',anti_
        aliasing=False)
    if opt.caffe_pretrain:
        normalize = caffe_normalize
    else:
        normalize = pytorch_normalze
    # 图像归一化处理
    return normalize(img)
```

8.5.3　构建主干网络

主干网络基于VGG16，将前4层网络的学习率设为0，锁住了前4层参数（底层特征一般比较通用）。经过主干网络后，特征图相当于针对原图进行了16倍的降采样。主干网络（faster_rcnn_vgg16.py）构造代码如下。

```
def decom_vgg16():
    # 加载预训练模型
    if opt.caffe_pretrain:
```

```
        model = vgg16(pretrained=False)
        if not opt.load_path:
            model.load_state_dict(t.load(opt.caffe_pretrain_path))
    else:
        model = vgg16(not opt.load_path)

    # 取前 30 层网络，即 conv4_3
    features = list(model.features)[:30]
    classifier = model.classifier

    classifier = list(classifier)
    del classifier[6]
    if not opt.use_drop:
        del classifier[5]
        del classifier[2]
    classifier = nn.Sequential(*classifier)

    for layer in features[:10]:
        for p in layer.parameters():
            p.requires_grad = False

    return nn.Sequential(*features), classifier
```

8.5.4　候选框提取网络

Faster R-CNN 最为显著的特点就是用 RPN 取代 Selective Search 方法提取候选区域。RPN 的选取基于锚，代码中特征图的每个位置使用了 9 个锚（3 个尺度 ×3 个宽高比）。RPN 在输入的特征图上，构造了一个分类分支和一个坐标回归分支，RPN 的构造代码如下[⊖]。

```
# 构造 RPN，默认 9 个锚
def __init__(
        self, in_channels=512, mid_channels=512, ratios=[0.5, 1, 2],
        anchor_scales=[8, 16, 32], feat_stride=16,
        proposal_creator_params=dict(),
):
    super(RegionProposalNetwork, self).__init__()
    self.anchor_base = generate_anchor_base(
        anchor_scales=anchor_scales, ratios=ratios)
    self.feat_stride = feat_stride
    self.proposal_layer = ProposalCreator(self, **proposal_creator_params)
    n_anchor = self.anchor_base.shape[0]
    # 构造 RPN
```

⊖　代码来自 region_proposal_network.py 文件。

```
self.conv1 = nn.Conv2d(in_channels, mid_channels, 3, 1, 1)
# 分类
self.score = nn.Conv2d(mid_channels, n_anchor * 2, 1, 1, 0)
# 坐标回归
self.loc = nn.Conv2d(mid_channels, n_anchor * 4, 1, 1, 0)
normal_init(self.conv1, 0, 0.01)
normal_init(self.score, 0, 0.01)
normal_init(self.loc, 0, 0.01)
```

预测候选框，代码如下（region_proposal_network.py）。

```
# 预测候选框
def forward(self, x, img_size, scale=1.):
    """Forward Region Proposal Network.

    Here are notations.

    * :math:`N` is batch size.
    * :math:`C` channel size of the input.
    * :math:`H` and :math:`W` are height and witdh of the input feature.
    * :math:`A` is number of anchors assigned to each pixel.

    Args:
        x (~torch.autograd.Variable): The Features extracted from images.
            Its shape is :math:`(N, C, H, W)`.
        img_size (tuple of ints): A tuple :obj:`height, width`,
            which contains image size after scaling.
        scale (float): The amount of scaling done to the input images after
            reading them from files.

    Returns:
        (~torch.autograd.Variable, ~torch.autograd.Variable, array, array,
            array):

        This is a tuple of five following values.

        * **rpn_locs**: Predicted bounding box offsets and scales for \
            anchors. Its shape is :math:`(N, H W A, 4)`.
        * **rpn_scores**:  Predicted foreground scores for \
            anchors. Its shape is :math:`(N, H W A, 2)`.
        * **rois**: A bounding box array containing coordinates of \
            proposal boxes.  This is a concatenation of bounding box \
            arrays from multiple images in the batch. \
            Its shape is :math:`(R', 4)`. Given :math:`R_i` predicted \
            bounding boxes from the :math:`i` th image, \
            :math:`R' = \\sum _{i=1} ^ N R_i`.
        * **roi_indices**: An array containing indices of images to \
            which RoIs correspond to. Its shape is :math:`(R',)`.
```

```
    * **anchor**: Coordinates of enumerated shifted anchors. \
        Its shape is :math:`(H W A, 4)`.

"""
n, _, hh, ww = x.shape
anchor = _enumerate_shifted_anchor(
    np.array(self.anchor_base),
    self.feat_stride, hh, ww)

n_anchor = anchor.shape[0] // (hh * ww)
h = F.relu(self.conv1(x))

# 位置坐标
rpn_locs = self.loc(h)
# UNNOTE: check whether need contiguous
# A: Yes
rpn_locs = rpn_locs.permute(0, 2, 3, 1).contiguous().view(n, -1, 4)
# 类别分数
rpn_scores = self.score(h)
rpn_scores = rpn_scores.permute(0, 2, 3, 1).contiguous()
rpn_softmax_scores = F.softmax(rpn_scores.view(n, hh, ww, n_anchor, 2),
    dim=4)
rpn_fg_scores = rpn_softmax_scores[:, :, :, :, 1].contiguous()
rpn_fg_scores = rpn_fg_scores.view(n, -1)
rpn_scores = rpn_scores.view(n, -1, 2)

rois = list()
roi_indices = list()
for i in range(n):
    # 对预测的候选框进行筛选及合并
    roi = self.proposal_layer(
        rpn_locs[i].cpu().data.numpy(),
        rpn_fg_scores[i].cpu().data.numpy(),
        anchor, img_size,
        scale=scale)
    batch_index = i * np.ones((len(roi),), dtype=np.int32)
    rois.append(roi)
    roi_indices.append(batch_index)

rois = np.concatenate(rois, axis=0)
roi_indices = np.concatenate(roi_indices, axis=0)
return rpn_locs, rpn_scores, rois, roi_indices, anchor
```

8.5.5　对候选框进行分类和位置校正

　　Fast R-CNN 以 RPN 挑选出来的候选框区域的特征图为输入，预测目标框的类别概率和坐标，代码如下（faster_rcnn_vgg16.py）。

```python
# 构造分类分支和坐标回归分支
def __init__(self, n_class, roi_size, spatial_scale,
             classifier):
    super(VGG16RoIHead, self).__init__()

    self.classifier = classifier
    # 坐标回归
    self.cls_loc = nn.Linear(4096, n_class * 4)
    # 分类
    self.score = nn.Linear(4096, n_class)

    normal_init(self.cls_loc, 0, 0.001)
    normal_init(self.score, 0, 0.01)

    self.n_class = n_class
    self.roi_size = roi_size
    self.spatial_scale = spatial_scale
    #ROI 池化
    self.roi = RoIPool( (self.roi_size, self.roi_size),self.spatial_scale)
```

预测目标框的类别概率和坐标的代码如下（faster_rcnn_vgg16.py）。

```python
# 预测类别概率，回归坐标
def forward(self, x, rois, roi_indices):
    """Forward the chain.

    We assume that there are :math:`N` batches.

    Args:
        x (Variable): 4D image variable.
        rois (Tensor): A bounding box array containing coordinates of
            proposal boxes.  This is a concatenation of bounding box
            arrays from multiple images in the batch.
            Its shape is :math:`(R', 4)`. Given :math:`R_i` proposed
            RoIs from the :math:`i` th image,
            :math:`R' = \\sum _{i=1} ^ N R_i`.
        roi_indices (Tensor): An array containing indices of images to
            which bounding boxes correspond to. Its shape is :math:`(R',)`.

    """
    roi_indices = at.totensor(roi_indices).float()
    rois = at.totensor(rois).float()
    indices_and_rois = t.cat([roi_indices[:, None], rois], dim=1)
    # NOTE: important: yx->xy
    xy_indices_and_rois = indices_and_rois[:, [0, 2, 1, 4, 3]]
    indices_and_rois =  xy_indices_and_rois.contiguous()

    pool = self.roi(x, indices_and_rois)
```

```
pool = pool.view(pool.size(0), -1)
fc7 = self.classifier(pool)
roi_cls_locs = self.cls_loc(fc7)
roi_scores = self.score(fc7)
return roi_cls_locs, roi_scores
```

8.5.6 算法模型架构图

simple-faster-rcnn-pytorch 代码的算法模型架构如图 8-9 所示，从图中能够清晰地看到代码的整体结构。读者可以对照这个架构图阅读源码，以便了解算法的具体实现过程。关于锚相关的 IoU 计算过程以及如何把目标框的回归参数，按照式（8-5）~式（8-8）所示，计算出目标框的坐标等内容，属于非常细节的知识，感兴趣的读者可以对照本章自行阅读对算法的讲解。

8.6 本章小结

本章介绍了两阶段目标检测算法。所谓两阶段，就是把检测过程分为候选框的选取以及基于候选框的目标分类和位置回归这两个阶段。两阶段算法的优势是具有较高的检测精度，劣势是算法运行的时间开销较大。本章介绍了 R-CNN、SPP-Net、Fast R-CNN、Faster R-CNN 四种算法，并基于开源代码 simple-faster-rcnn-pytorch，大致展示了 Faster R-CNN 的实现过程。在实际场景中，Faster R-CNN 是目前使用最为广泛的两阶段算法，在 mmdetection 工具包中已经有了完整且鲁棒的代码实现，读者可以参照第 6 章介绍的方法，在 config 文件中配置好相关参数后，直接通过脚本进行调用。

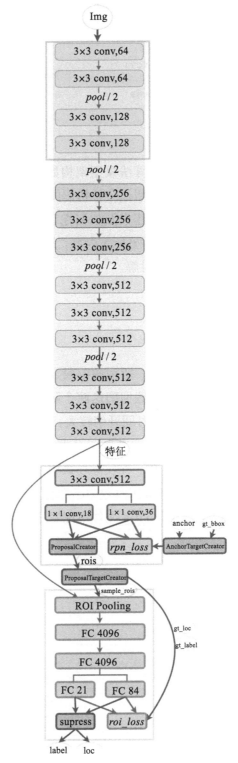

图 8-9　simple-faster-rcnn-pytorch 算法模型架构图

第**9**章

检测算法的进一步改进

从以下两个方面进行改进，可以进一步提升检测算法的性能：一是构造表达能力更强的特征；二是采用更好的损失函数。本章将介绍特征金字塔和焦点损失函数两种方法，分别从特征构造和损失函数构造两个角度，给出提升检测算法性能的途径。

9.1 特征金字塔

特征金字塔（Feature Pyramid Networks，FPN）的基本思想是通过构造一系列不同尺度的图像或特征图进行模型训练和测试，目的是提升检测算法对于不同尺寸检测目标的鲁棒性。但如果直接根据原始的定义进行 FPN 计算，会带来大额的计算开销。为了降低计算量，FPN 采用一种多尺度特征融合的方法，能够在不大幅度增加计算量的前提下，显著提升特征表达的尺度鲁棒性。

9.1.1 特征金字塔结构

在实际场景中，同一个目标物体，会因为拍摄距离不同，呈现出不同的尺度。识别不同尺度的目标，是计算机视觉中一个重要问题。一个常规的解决策略是用原图生成一系列缩放比例不等的图像，将这些图像按照面积从小到大的顺序排列起来，就构成了一个图像金字塔。如图 9-1a 所示，对图像金字塔的每一层提取特征，应用检测算法只要在任意层检测到了目标，都算检测成功。但是，在实际应用中，基于神经网络的方法本身就非常耗时，如果再使用多个尺度的图像特征进行训练和测试，时间和内存的开销就更大了，因此这种方法很少被真正使用。

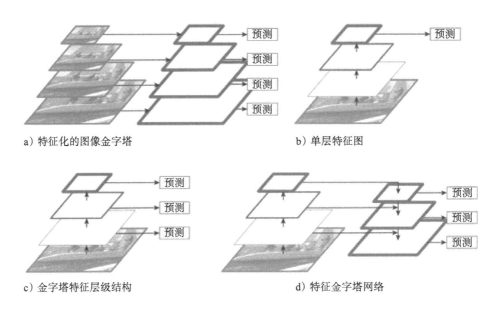

a）特征化的图像金字塔   b）单层特征图

c）金字塔特征层级结构   d）特征金字塔网络

图 9-1   特征金字塔结构

如图 9-1b 所示，卷积神经网络本身也具有金字塔结构，在特征图的不同层上，同样大小的检测窗口在原图的感受野的尺度是不同的。如图 9-1c 所示，可以同时使用不同层特征图检测不同尺度的目标，第 10 章将要介绍的 SSD 方法采用的就是这个思路。但这也存在一个问题，特征图不同层次特征的表达能力不同，浅层特征主要反映明暗、边缘等细节，深层特征则反映更丰富的整体结构。单独使用浅层特征是无法包含整体结构信息的，会减弱特征的表达能力。

因为深层特征本身就是由浅层特征构建的，所以天然包含了浅层特征的信息，一个很自然的想法是，如果再把深层特征融合到浅层特征中，就兼顾了细节和整体，融合后的特征会具有更为丰富的表达能力。图 9-1d 显示了这一策略的实现方式，在特征金字塔上选取若干层，这些层本身构成了一个由浅到深的层次关系，再把深层特征逐级向浅层合并，就构成了一个新的特征金字塔，这个新金字塔的每一层都融合了浅层和深层的信息，分别应用每一层的特征进行检测，就达到了检测不同尺度目标的目的。我们将这种构造特征的方法称为特征金字塔方法，这种方法利用了网络本身的层次结构，提供了基于原图的端到端的训练方法，能够在不显著增加计算开销和内存开销的情况下，实现多尺度目标检测。

FPN 的网络结构本质上也是一种全卷积网络，以任意尺度的图像作为输入，对于每一个卷积主干，所输出的各层特征图的尺度分别与原始图像的尺度保持固定的比例。FPN 构造特征包括自下而上（bottom-up）、自上而下（top-down）以及同层连接 3 个过程，下面将对其进行详细说明。

自下而上的过程实质上是卷积网络前向传播的过程。比如 ResNet 网络在前向传播的过程中，包含若干个 stride=1 和 stride=2 的卷积，经过 stride = 1 的卷积后，特征图的尺度保持不变，经过 stride=2 的卷积后，特征图的尺度缩小为原来的 1/2。我们称连续的尺度不变的各个特征图处于一个网络阶段，对于每个阶段，最后一层特征图包含了这个阶段中最具表达能力的特征。

FPN 构造特征金字塔时，选取每个阶段的最后一层特征图构建层级结构。对于 ResNet 网络而言，用来构造特征金字塔的特征图，就是每个阶段的最后一个残差块（residual block）。直接选取各个特征图的通道数是不同的，这是因为负责后续处理的网络需要在不同层的特征图上滑窗截取特征，这就要求所有层的特征图具有相同的深度（通道数），为了使得各个特征图具有相同的深度，FPN 对选取的每个特征图增加一次 1×1 的卷积操作，以此转化成统一的通道数。

本章分别在 conv2、conv3、conv4、conv5 对应阶段的最后一个残差块上使用一个 1×1 卷积变换成 d 维通道（比如 d=256），并分别标记为 C_2、C_3、C_4、C_5。因为相邻两个阶段之间的特征图有 2 倍的尺度缩放，所以 C_2、C_3、C_4、C_5 的宽、高尺度分别为原图的 1/4、1/8、1/16 和 1/32，深度全都等于 d 维。此处之所以没有选择 conv1，是为了避免过大的内存消耗，如果不考虑内存的问题，使用 conv1 也是没有问题的。

自上而下的过程实质上是通过把上层的特征图进行尺度变换，来构造新的特征图，新的特征图需要和下层的特征图保持一致的尺度，从而保证特征图可以融合在一起。在长、宽方向上，采用向上采样（upsample）的方法，把上层特征图的宽、高和下层特征图的宽、高拉成一样大小；在深度方向上，通过一个 1×1 的卷积，把上层特征图的深度压缩到和下层特征图的深度相同。综合使用上采样操作和 1×1 的卷积操作，就从上层特征图构造出了一个和下层特征图尺度完全一致的新的特征图。

经过自上而下的过程，基于上层特征图构建的新特征图和原始的下层特征图具有了同样的尺度。如图 9-2 所示，先把新的特征图和原始的下层特征图中每个对应元素相加（element-wise add），就实现了上层特征和下层特征的融合，再把融合后的每层特征图都输出为一个深度为 d（比如 $d = 256$）的新特征图。

为了消除两个特征图对应元素直接相加可能带来的融合不充分的问题，FPN 在融合之后的特征图上使用一个 3×3 卷积进行平滑处理，从而得到一个融合得更加充分的特征图。至此，完成了特征金字塔的构建，特征金字塔每一层特征图都融合了低维和高维的特征，各层的长、宽尺度不同，但通道数相同。后续任务的网络分别在特征金字塔的各个特征图上进行特征截取，就能得到多个尺度的特征。

FPN 是使用卷积神经网络构建特征金字塔，用于多尺度目标检测的通用方法，可以广泛地应用于候选框的筛选（RPN）、Fast R-CNN 检测等场景中，如图 9-2 所示。多组实验结果表明，在不明显增加计算开销和内存开销的情况下，FPN 能够明显提升多尺度目标检测算法的性能。

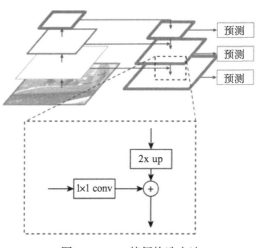

图 9-2　FPN 特征构造方法

9.1.2　FPN 代码解析[⊖]

本节代码使用 PyTorch 基于 ResNet 网络实现了一个简单的 FPN，读者可以通过代码解析进一步理解特征金字塔的构建过程，我们对代码中的关键位置进行了注释说明，供读者参考。

⊖　本节代码来自 https://github.com/kuangliu/pytorch-fpn。

```python
"""
用 PyTorch 实现 FPN
细节参考论文 "Feature Pyramid Networks for Object Detection"
"""
import torch
import torch.nn as nn
import torch.nn.functional as F

from torch.autograd import Variable

#ResNet 的 Bottleneck 结构
class Bottleneck(nn.Module):
    # 经过 Bottleneck 后，特征图通道数增加的倍数
    expansion = 4

    def __init__(self, in_planes, planes, stride=1):
        super(Bottleneck, self).__init__()
        # 包含 3 个卷积层
        self.conv1 = nn.Conv2d(in_planes, planes, kernel_size=1, bias=False)
        self.bn1 = nn.BatchNorm2d(planes)
        self.conv2 = nn.Conv2d(planes, planes, kernel_size=3, stride=stride,
            padding=1, bias=False)
        self.bn2 = nn.BatchNorm2d(planes)
        self.conv3 = nn.Conv2d(planes, self.expansion*planes, kernel_size=1,
            bias=False)
        self.bn3 = nn.BatchNorm2d(self.expansion*planes)

        self.shortcut = nn.Sequential()
        # 当 shortcut 两端特征图的维度不同时，加入一个卷积操作，把输入的特征图变换成和输出的
            特征图维度相同的新特征图
        if stride != 1 or in_planes != self.expansion*planes:
            self.shortcut = nn.Sequential(
                nn.Conv2d(in_planes, self.expansion*planes, kernel_size=1,
                    stride=stride, bias=False),
                nn.BatchNorm2d(self.expansion*planes)
            )

    def forward(self, x):
        out = F.relu(self.bn1(self.conv1(x)))
        out = F.relu(self.bn2(self.conv2(out)))
        out = self.bn3(self.conv3(out))
        out += self.shortcut(x)
        out = F.relu(out)
        return out


class FPN(nn.Module):
    def __init__(self, block, num_blocks):
```

```
        super(FPN, self).__init__()
        self.in_planes = 64

        # 第一层特征图不参与特征金字塔的构造
        self.conv1 = nn.Conv2d(3, 64, kernel_size=7, stride=2, padding=3,
            bias=False)
        self.bn1 = nn.BatchNorm2d(64)

        # 从下往上构造 4 个阶段，第一层特征图的通道数分别为 64、128、256、512
        # 因为 Bottleneck 的 expansion = 4，所以最后一层特征图的通道数分别为 256、512、
            1024、2048
        self.layer1 = self._make_layer(block,  64, num_blocks[0], stride=1)
        self.layer2 = self._make_layer(block, 128, num_blocks[1], stride=2)
        self.layer3 = self._make_layer(block, 256, num_blocks[2], stride=2)
        self.layer4 = self._make_layer(block, 512, num_blocks[3], stride=2)

        # 通过 1×1 卷积对每个阶段的最后一个特征图进行降维
        self.toplayer = nn.Conv2d(2048, 256, kernel_size=1, stride=1, padding=0)
        self.latlayer1 = nn.Conv2d(1024, 256, kernel_size=1, stride=1,
            padding=0)
        self.latlayer2 = nn.Conv2d( 512, 256, kernel_size=1, stride=1,
            padding=0)
        self.latlayer3 = nn.Conv2d( 256, 256, kernel_size=1, stride=1,
            padding=0)

        # 两个特征图融合后，进行平滑处理
        self.smooth1 = nn.Conv2d(256, 256, kernel_size=3, stride=1, padding=1)
        self.smooth2 = nn.Conv2d(256, 256, kernel_size=3, stride=1, padding=1)
        self.smooth3 = nn.Conv2d(256, 256, kernel_size=3, stride=1, padding=1)

    # 构造同一个阶段的特征图
    def _make_layer(self, block, planes, num_blocks, stride):
        strides = [stride] + [1]*(num_blocks-1)
        layers = []
        for stride in strides:
            layers.append(block(self.in_planes, planes, stride))
            self.in_planes = planes * block.expansion
        return nn.Sequential(*layers)

    # 将图像 x 上采样和 y 相加
    def _upsample_add(self, x, y):
        '''Upsample and add two feature maps.

        Args:
            x: (Variable) top feature map to be upsampled.
            y: (Variable) lateral feature map.

        Returns:
```

```
        (Variable) added feature map.

    Note in PyTorch, when input size is odd, the upsampled feature map
    with `F.upsample(..., scale_factor=2, mode='nearest')`
    maybe not equal to the lateral feature map size.

    e.g.
    original input size: [N,_,15,15] ->
    conv2d feature map size: [N,_,8,8] ->
    upsampled feature map size: [N,_,16,16]

    So we choose bilinear upsample which supports arbitrary output sizes.
    '''
    _,_,H,W = y.size()
    return F.upsample(x, size=(H,W), mode='bilinear') + y

def forward(self, x):
    # 自下而上构造特征金字塔
    c1 = F.relu(self.bn1(self.conv1(x)))
    c1 = F.max_pool2d(c1, kernel_size=3, stride=2, padding=1)
    c2 = self.layer1(c1)
    c3 = self.layer2(c2)
    c4 = self.layer3(c3)
    c5 = self.layer4(c4)
    # 通过上采样和通道降维，把两个特征图转换成同一尺度，然后相加
    p5 = self.toplayer(c5)
    p4 = self._upsample_add(p5, self.latlayer1(c4))
    p3 = self._upsample_add(p4, self.latlayer2(c3))
    p2 = self._upsample_add(p3, self.latlayer3(c2))
    # Smooth, 进行平滑处理
    p4 = self.smooth1(p4)
    p3 = self.smooth2(p3)
    p2 = self.smooth3(p2)
    return p2, p3, p4, p5


def FPN101():

    # 使用 Bottleneck 结构进行构造
    return FPN(Bottleneck, [2,2,2,2])

# 测试代码
def test():
    # 生成 ResNet 网络
    net = FPN101()
    # 计算各个特征图的维数
    fms = net(Variable(torch.randn(1,3,600,900)))
    # 输出各个特征图的维数
```

```
for fm in fms:
    print(fm.size())

test()
```

9.2 焦点损失函数

在一个图像中，存在大量目标位置的候选区域，其中框中目标的候选区域（正样本）的数量一般远远少于未框中目标的候选框（负样本）的数量。尤其是在第 10 章将要介绍的一阶段算法中，正样本、负样本的数量会极度不均衡，大量的背景样本会加入训练过程。通常情况下，绝大多数背景样本和前景目标有着明显不同的图像特征，属于分类器比较容易区分的样本。使用大量的易分样本，不利于分类器的训练，解决这个问题有两种思路：一种思路是有针对性地去除易分样本，尤其是易分的背景样本；另一种思路是降低易分样本在最终损失的贡献，使得参数更新的时候更倾向于拟合困难样本。Faster R-CNN 在训练的过程中采用了第一种方法，通过 RPN 网络滤除大量无效的背景样本。本节重点讲解第二种方法，通过设计损失函数，降低易分样本的影响。

焦点损失函数（Focal Loss）的作用是解决样本极不平衡的问题，比如难分样本：易分样本 < 1：1000 这样的情况。其设计思想就是在常规的损失函数上乘以一个惩罚因子，难分样本惩罚的少，易分样本惩罚的多，在最终的损失突出难分样本的影响，使得模型参数更新更有利于对难分样本的预测。本节以二分类问题中的交叉熵损失（Cross Entropy Loss）为基础，通过对原来损失函数的修改，构造焦点损失函数。

二分类问题的交叉熵损失的定义如下。

$$\mathrm{CE}(p, y) = \begin{cases} -\log(p) & \text{如果} y = 1 \\ -\log(1-p) & \text{其他} \end{cases} \tag{9-1}$$

式（9-1）中，$y \in \{\pm 1\}$，表示样本的实际类型 (ground truth) 为正样本或负样本，$p \in [0,1]$，为预测结果为正样本（$y=1$）的概率。如果再约定：

$$p_t = \begin{cases} p & \text{如果} y = 1 \\ 1-p & \text{其他} \end{cases} \tag{9-2}$$

则有 $\mathrm{CE}(p,y) = \mathrm{CE}(p_t) = -\log(p_t)$ ，可见交叉熵损失 CE 是置信度 p_t 的单调递减函数，p_t 的值越大，相应的损失越小，样本越容易通过分类器分开。为了降低易分样本在总体权重的占比，可以引入一个同样以置信度 p_t 为变量的单调递减函 $\alpha(p_t)$ 作为权重因子，则焦点损失函数可表示为 $\mathrm{CF}(p,y) = -\alpha(p_t)\log(p_t)$ 。这里不妨令权重因子 $\alpha(p_t) = (1-p_t)^\gamma$ ，则有：

$$\mathrm{CF}(p,y) = -(1-p_t)^\gamma \log(p_t) \tag{9-3}$$

其中 $\gamma \geq 0$ 为超参数，γ 越大，对易分样本损失的削减越明显。图 9-3 中显示了几个不同 γ 取值对应的焦点损失曲线。特别地，当 $\gamma = 0$ 时，焦点损失函数曲线退化成原来的交叉熵损失曲线。

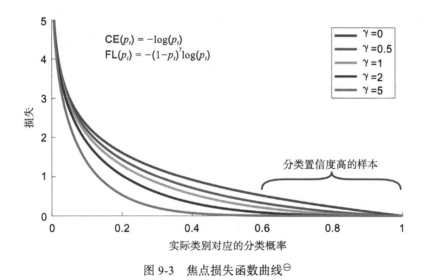

图 9-3　焦点损失函数曲线[⊖]

9.3　本章小结

本章介绍了进一步提升算法性能的两种方法，这两种方法当前已被广泛用于目标检测问题中。

⊖　图像来自论文"Focal Loss for Dense Object Detection"。

第 10 章

一阶段检测算法

本书第 8 章介绍了两阶段检测算法。所谓两阶段，就是先在图像中找到若干可能包含目标的候选区域，再判断候选区域是我们关注的某一类目标，还是其他我们不关注的背景。两阶段检测算法的优点是流程清晰，能够得到较好的检测结果。但是因为存在候选区域提取和类别判定两个相对对立的过程，所以计算时间较长。为了进一步提升算法速度和算法落地的可行性，业界又提出了若干一阶段检测算法，包括 YOLO、SSD、FCOS 等。本章将逐一介绍这些算法。

10.1 YOLO 算法

YOLO 是一种重要的一阶段检测算法，其核心思想是将整幅图像作为输入，通过神经网络直接回归目标的位置坐标和分类概率。与两阶段算法不同，YOLO 不需要进行预测候选框这个步骤，带来的好处就是显著提升目标检测算法的执行速度，可以在实时系统中得以使用。

YOLO 目前已经迭代了 3 个主版本，本节先介绍第一版，然后介绍后两个版本基于第一版的改进。

10.1.1 YOLO 第一版

处理检测问题最直接的方法是使用不同尺度和形状的候选框在图像上密集采样，以此判断候选框是否包含目标，这种方法极为耗时。另一种方法是两阶段算法中采用的策略，先通过 Selective Search 等方法生成一系列候选框，然后使用分类器判断候选框是否包含目标，再对目标的位置进行精细修正。这种方法的优点是能够得到比较准确的目标位置，缺点仍然是消耗较多的计算时间。那么如何进一步降低算法耗时呢？一个比较便捷的方法是直接回归目标框的位置坐标和分类概率，把检测问题转化成回归问题，这也是 YOLO 算法的基本思路。YOLO 另一个显著特点是将一整张图作为输入，每个回归的目标都基于整张图像的信息，因此 YOLO 能够利用更加全面的上下文信息。

YOLO 也有一些明显的局限性，其有一个默认的假设，认为图像中的目标都比较大，不存在密集小目标，因此需要根据实际的应用场景判断是否适合使用 YOLO 算法。

1. 算法原理

YOLO 算法通过一个 S 行 $\times S$ 列的均匀网格，将一张输入的图像均匀分成 $S \times S$ 个子图像块，如果目标的中心点落在某个子图像块内，就认为这个目标归属于这个子图像块，也可以说这个子图像块包含这个目标（其实是包含目标的中心）。在每一个子图像块中，会预测 B 个目标框的坐标以及这 B 个目标框框中目标的置信度，这个置信度反映的是当前预测框框中目标的概率以及预测框位置的准确程度。具体可以通过如下公式描述：

$$P=Pr(\text{Object})\times \text{IoU}_{\text{pred}}^{\text{truth}} \tag{10-1}$$

如果当前预测框没有框中目标，则 $Pr(\text{Object})=0$；反之，如果当前预测框框中了目标，则 $Pr(\text{Object})=1$。$\text{IoU}_{\text{pred}}^{\text{truth}}$ 是预测框和目标真值框的交并比，反映预测框和真值框的重合度。这里说明一下何为框中目标，如果一个目标的中心点没有落在当前子图像块内，则这个目标不属于当前子图像块，当前子图像块的预测框不会框中这个目标；如果一个目标的中心点落在当前子图像块中，就需要分别计算各个预测框与目标真值框的交并比，认为 IoU 最大的预测框框中了目标，其他预测框没有框中目标，其实这个约定并不见得合理，仅是 YOLO 的一个策略。另外，如前所述，因为 YOLO 默认图像中的目标都比较大，以至于不会出现一个子图像块中有多个目标的情况，所以如果有多个非常小的目标的中心落在同一个子图像块内，算法就会出现问题，最终只有一个目标会被检测出来。

对于每一个预测框，都需要回归框的中心点坐标 (x, y)，框的宽 w 和高 h 以及预测框的置信度。预测框的置信度如上文所述，描述的是预测框框中目标的概率以及预测框与真值框的交并比，(x, y) 是当前子图像块的相对坐标，坐标原点位于子图像块的左上角，且坐标值通过除以子图像块的宽、高，进行了归一化处理。w、h 也是经过归一化处理的宽和高，是将预测框的宽和高，分别除以整幅图像的宽和高得到的。

每个子图像块都会回归 C 个条件概率，用 $Pr(\text{Class}_i|\text{Object})$ 表示，表示在框中目标的前提下，目标属于某个类别的概率。因为 YOLO 默认每个子图像块只包含一个目标，所以无论要预测多少个目标框，只需要回归一组条件概率。在测试的时候，由预测框的置信度和条件概率相乘得到最终的置信度，其中融合了位置和类别的信息，可以用下面的公式描述。

$$Pr(\text{Class}_i|\text{Object}) \times Pr(\text{Object}) \times \text{IoU}_{\text{pred}}^{\text{truth}} = Pr(\text{Class}_i) \times \text{IoU}_{\text{pred}}^{\text{truth}} \tag{10-2}$$

如图 10-1 所示，测试时将图像分成 $S \times S$ 个子图像块，总共回归 $S \times S \times (B \times 5 + C)$ 个参数（5 表示 4 个位置参数和 1 个置信度），基于回归的结果，分别计算每个框的 $Pr(\text{Class}_i) \times \text{IoU}_{\text{pred}}^{\text{truth}}$ 的值，当该值为所在子块中的最大值，且大于预设的检出阈值时，输出对应的预测框。

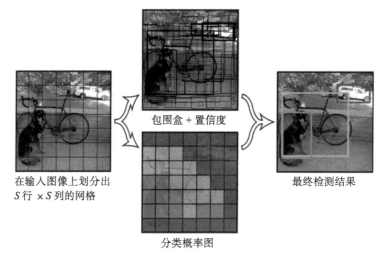

在输入图像上划分出
S 行 $\times S$ 列的网格

包围盒 + 置信度

分类概率图

最终检测结果

图 10-1　YOLO 第一版检测算法

2. 训练方法

下面基于 PASCAL VOC 数据集，介绍 YOLO 第一版的训练方法。取 *S*=7、*B*=2，则图像被划分成 7×7 个子图像块，每个子图像块需要预测 2 个目标框，这是因为 PASCAL VOC 数据集有 20 个类别，则最后需要回归的参数数量为 7×7×[2×（4+1）+ 20]=7×7×30，其中 7×7 为子图像块的数量，2 为每个子图像块需要预测的框的数量，4+1 代表框的 4 个位置参数 *x*、*y*、*w*、*h*，以及 1 个框的置信度，20 表示 20 个类别的分类概率。

YOLO 第一版的网络结构如图 10-2 所示，借鉴了 GoogleNet 的结构，先通过 24 个卷积层提取特征，然后 2 层使用全连接层回归框的坐标、置信度以及分类概率，最后输出的参数共 7×7×30 维。因为网络最后 2 层是全连接层，所以要求整个网络具有固定尺度的输入。

训练模型时，仍然采用基于 ImageNet 分类数据集进行预训练的方式。取上述网络的前 20 个卷积层，后面接一个全连接层训练分类模型。在这个过程中，用于分类模型训练的图像尺度为 224×224。分类模型训练完成后，在 20 个预训练的卷积层之后加上 4 个新的卷积层和 2 个全连接层，构造 YOLO 网络，其中 4 个新的卷积层和 2 个新的全连接层的参数可以通过随机的方式进行初始化，为了使用更加精细的信息，YOLO 第一版网络适配了全连接层的尺度，使得输入的图像尺度为 448×448。

训练的损失函数 *L* 定义如下。

$$
\begin{aligned}
L = & \lambda_{\text{coord}} \sum_{i=0}^{S^2} \sum_{j=0}^{B} \mathbb{I}_{ij}^{obj} [(x_i - \hat{x}_i)^2 + (y_i - \hat{y}_i)^2] \\
& + \lambda_{\text{coord}} \sum_{i=0}^{S^2} \sum_{j=0}^{B} \mathbb{I}_{ij}^{obj} \left[\left(\sqrt{w_i} - \sqrt{\hat{w}_i} \right)^2 + \left(\sqrt{h_i} - \sqrt{\hat{h}_i} \right)^2 \right] \\
& + \sum_{i=0}^{S^2} \sum_{j=0}^{B} \mathbb{I}_{ij}^{obj} (C_i - \hat{C}_i)^2 \\
& + \lambda_{\text{noobj}} \sum_{i=0}^{S^2} \sum_{j=0}^{B} \mathbb{I}_{ij}^{noobj} (C_i - \hat{C}_i)^2 \\
& + \sum_{i=0}^{S^2} \mathbb{I}_i^{obj} \sum_{c \in \text{classes}} [p_i(c) - \hat{p}_i(c)]^2
\end{aligned}
\tag{10-3}
$$

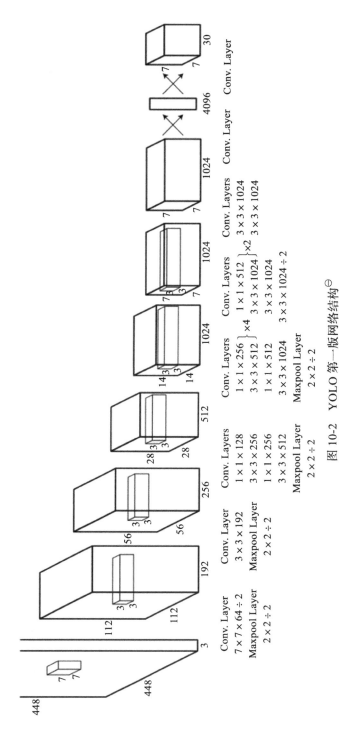

图 10-2 YOLO 第一版网络结构 ⊖

⊖ 图像来自 YOLO 第一版论文："You Only Look Once: Unified, Real-Time Object Detection"。

YOLO 第一版中有个并不合理的默认假设，就是一个子图像块中最多只能包含一个目标，因此 YOLO 第一版不适合小目标的检测场景。另外，YOLO 第一版中约定了每个子图像块中与目标框 IoU 最大的预测框是框中目标的，其余的预测框认为未框中目标。式（10-3）中，$\mathbb{I}_{ij}^{obj}$ 是一个指示函数，当第 i 个子图像块的第 j 个预测框框中了目标时，$\mathbb{I}_{ij}^{obj}=1$，否则 $\mathbb{I}_{ij}^{obj}=0$。因此式（10-3）中

$$\lambda_{\text{coord}}\sum_{i=0}^{S^2}\sum_{j=0}^{B}\mathbb{I}_{ij}^{obj}[(x_i-\hat{x}_i)^2+(y_i-\hat{y}_i)^2]$$
$$+\lambda_{\text{coord}}\sum_{i=0}^{S^2}\sum_{j=0}^{B}\mathbb{I}_{ij}^{obj}\left[\left(\sqrt{w_i}-\sqrt{\hat{w}_i}\right)^2+\left(\sqrt{h_i}-\sqrt{\hat{h}_i}\right)^2\right]$$
$$+\sum_{i=0}^{S^2}\sum_{j=0}^{B}\mathbb{I}_{ij}^{obj}(C_i-\hat{C}_i)^2$$

表示包含目标的框的位置损失和置信度损失，如前所述，式中 x、y 和 $\hat{x}$、$\hat{y}$ 分别表示预测框和目标框的中心点相对于子图像块的归一化坐标，w、h 和 $\hat{w}$、$\hat{h}$ 分别表示预测框和目标框相对于整幅图像的宽和高的归一化宽和高，这部分仅将框中目标的预测框的损失进行计算和梯度回传；$\lambda_{\text{noobj}}\sum_{i=0}^{S^2}\sum_{j=0}^{B}\mathbb{I}_{ij}^{\text{noobj}}(C_i-\hat{C}_i)^2$ 表示未包含目标的预测框的置信度损失，因为没有目标，其框中目标的置信度 $\hat{C}_i$ 的值为 0；公式中 $\sum_{i=0}^{S^2}\mathbb{I}_{i}^{obj}\sum_{c\in\text{classes}}[p_i(c)-\hat{p}_i(c)]^2$ 表示包含目标的分类损失。式中的 λ 表示加权系数，用于平衡各部分损失的比例。

为了防止模型过拟合（在训练集上模型的预测效果很好，在测试集上效果明显变差），YOLO 第一版使用了 drop out 策略，同时在图像尺度和图像 HSV 颜色空间上进行样本的扰动扩充，使得训练的模型具有更好的泛化能力。

其实，YOLO 第一版中的具体实现方法未必都很合理，比如一个子图像块的各个预测框都对应同一组分类概率的约定就有些问题，对于不同的预测框，完全可以让每个框对应各自的分类概率。另外，在计算损失的时候，也可以把同一子块中各个预测框与真值框的损失都进行统计并加入梯度回传，这样看起来会更合理一些。

基于 YOLO 进行检测和其他检测方法类似，对 $7\times7\times2$=98 个预测框，分别计算

框中目标的概率与最大分类概率的乘积，当其大于指定阈值时，将预测框作为目标框输出，再对所有的目标框进行非极大值抑制处理，得到最终的结果。

10.1.2 YOLO 第二版

YOLO 第一版的优势在于算法执行的速度快，但在实际使用的时候，对目标框位置的预测精度和目标的召回率都不及两阶段算法，在 YOLO 第二版中，对算法的一些实现细节进行了改进。

1. 批次归一化

YOLO 第二版在训练时使用的是批次归一化（Batch Normalization）方法，能够更好地增加模型的泛化能力，在 PASCO VOC 数据集上，不改变网络结构的前提下，mAP 有了 2% 的提升。另外，使用了批量归一化方法之后，可以去掉 YOLO 第一版使用的 drop out 方法。

2. 使用高分辨率训练集

YOLO 第二版训练时，使用了更高分辨率的数据。YOLO 第一版首先基于 224×224 的分类数据集训练前面的卷积层，然后在 448×448 的检测数据集上训练整个检测网络，两次训练数据的分辨率存在差距，使得模型不容易达到最优的效果。YOLO 第二版为了克服这个问题，在 224×224 的分类数据集训练前的卷积层之后，基于 448×448 的分类数据进行了若干轮迭代训练，使得网络更加适配高分辨率的数据，之后，在分辨率为 448×448 的检测数据集上训练整个检测网络。通过这样的训练策略，模型的 mAP 有了 4% 的提升。

3. 基于锚

YOLO 第二版相对于第一版另一个重要的改进就是使用了锚。类似 Faster R-CNN 中的 RPN 网络，基于锚的网络是全卷积的，其原理就是在前面若干卷积层提取的特征图上，用一个小卷积网络在每个位置上进行滑动，在特征图每个位置上回归目标参数。在 YOLO 第二版中，去掉了第一版最后的两个全连接层以及一个池化层，并添加了用于在每个特征图的子块上进行预测的卷积层，整个网络变成全卷积结构。因为采用的是全卷积网络，所以不受输入图像尺寸的限制，对于一些大的目标，很大概率其居于图像中心的位置，如果用于回归的特征图的子块维度为奇数，则目标的中心大概率会落在中心的子块，相比子块维度为偶数时目标中心落在周围的子块的情况，目标中心落在中心子块时锚与目标更容易匹配。因此 YOLO 第二版中对输入图像的尺寸做了一点修改，由 448×448 缩减到 416×416，这样经过前面的卷积层，图像经过 32 倍的下采样，生成的特征图尺寸为 13×13，行列均为奇数，即大目标的中心大概率会落在中间的特征子块中，更有助于进行目标的预测。

Faster R-CNN 使用的锚完全是手工设计的，YOLO 第二版做了进一步改进，通过 k-means 算法，在训练集中对 anchor 的位置和形状进行了聚类。用 box 表示图像上任意一个框，centroid 表示 k-means 聚类中心 anchor（也是一个框），定义两者的距离为

$$d(\text{box}, \text{centroid}) = 1 - \text{IoU}(\text{box}, \text{centroid})$$

选择的聚类中心（这里就是锚）越多，能够匹配的目标框就越多，但计算过程也会越复杂。一般通过统计，会选取一个匹配度和计算复杂度较好的折中。如图 10-3 所示，通过分析，选择了 5 个锚。这种情况下，特征图上的每个位置会回归（4+1+20）× 5 个参数，表示 5 个锚，每个锚需要回归 4 个位置坐标、1 个框置信度，以及 20 个分类概率。

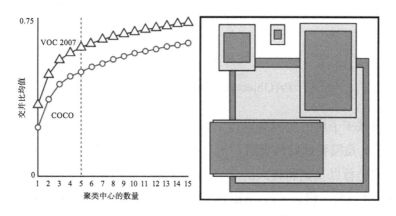

图 10-3　YOLO 第二版的锚设计[⊖]

⊖　图像来自 YOLO 第二版论文 "YOLO9000: Better, Faster, Stronger"。

为了训练过程更加稳定，YOLO 第二版限制了要预测的目标框的位置，如图 10-4 所示，目标的中心点被限制在当前子块内，通过预测目标框的宽和高与锚的宽和高的比例，获取目标框的位置，计算公式如下。

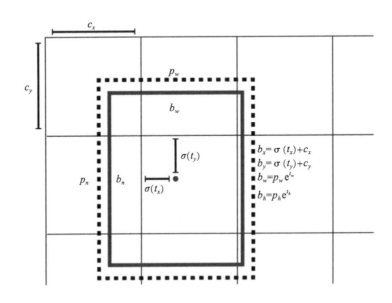

图 10-4 YOLO 第二版回归预测框参数⊖

$$b_x = \sigma(t_x) + c_x$$
$$b_y = \sigma(t_y) + c_y$$
$$b_w = p_w \mathrm{e}^{t_w}$$
$$b_h = p_h \mathrm{e}^{t_h}$$
$$Pr(\text{Object}) \times \text{IoU}(\text{b}, \text{object}) = \sigma(t_\sigma) \tag{10-4}$$

整个图像基于子块的宽和高进行了归一化处理，最终子块的宽和高都为 1。t_x、t_y、t_w、t_h、t_σ 是需要回归的参数，b_x、b_y、b_w、b_h 分别表示整幅图像归一化后目标框的中心点坐标以及宽和高，p_w、p_h 分别表示整幅图像归一化后锚的宽和高。其中 σ 为 sigmoid 函数，将 $\sigma(t_x)$、$\sigma(t_y)$ 约束在（0，1）内。$\sigma(t_x)$、$\sigma(t_y)$ 给出了预测框相对于子块左上角（c_x，c_y）的归一化偏移量，$\sigma(t_\sigma)$ 给出了预测框的置信度。因为

⊖ 图像来自 YOLO 第二版论文 "YOLO9000: Better, Faster, Stronger"。

对所预测的目标框中心点位置范围进行了限制，所以模型优化的过程变得更加稳定且更容易学习。

值得注意的是，YOLO 第二项使用了基于锚的方法，每个锚都分别回归各自框的坐标和分类概率，本质上就去掉了 YOLO 第一版中一个子块只包含一个目标的默认假设，从而针对密集小目标的场景增加了适应能力。使用锚策略，和 YOLO 第一版相比显著增加了预测框的数量，使得算法对目标召回更加有利。

4. 使用浅层细节特征

YOLO 使用最上层 13×13 的特征图进行目标预测，因为顶层的特征图具有较大的感受野，所以有利于对大目标进行预测，但同时，也会因为使用的都是整体特征，所以对细节和小目标的预测性造成影响。为了提升多尺度目标的检测能力，Faster R-CNN 采取的策略是在不同尺度的特征图上设计锚，YOLO 则另辟蹊径，把深层特征和浅层特征进行级联，使得新的特征图同时具有深层特征和浅层特征的表达能力。顶层特征图的尺寸为 13×13，其前面一层特征图的尺寸为 26×26，将 26×26 的特征图按照奇数行列和偶数行列进行拆分，变成 4 个 13×13 的特征图并依次摞在原始的顶层 13×13 的特征图上，则新的特征图尺寸仍然保持 13×13，通道数为原顶层 13×13 特征图通道数 $+4 \times$ 原 26×26 特征图的通道数。

基于新的特征图进行预测，mAP 有了 1% 的提升。

5. 使用多尺度图像进行训练

因为 YOLO 第二版使用的是全卷积网络，只包含卷积层和池化层，所以对输入图像的尺寸没有限制。在训练的时候，在一个尺寸上完成若干次迭代后，可以把样本图像缩放到其他尺寸上继续迭代训练，从而提升网络对多尺度目标检测的性能。

10.1.3 YOLO 第三版

YOLO 第三版并没有特别突出的创新之处，主要是基于 YOLO 第二版进行了一些改进。

1. 类别预测

一个目标可能具有多个类别标签，各个类别之间不一定是互斥的。比如，橘子也是一种水果，同时还是一种食物，对于这样的目标来说，几个类别标签都正确的。YOLO 第三版采用 logistic 分类器（逻辑回归）代替了 softmax 分类器，在训练过程中，使用了交叉熵损失。

本质上，YOLO 第三版采用多个二分类器代替一对多分类器，实现了对一个目标多个类别标签的判定。

2. 使用多尺度特征

YOLO 第三版在特征图上的每个位置使用 3 个锚，在一个 $N \times N$ 大小的特征图上，需要预测的参数数量为 $N \times N \times 3 \times (4+1+\text{n\_class})$，其中 3 表示 3 个锚，4 表示 4 个坐标，1 表示是否框中目标的置信度，n_class 表示需要回归的类别概率。

为了使算法具备更好的多尺度检测能力，YOLO 第三版借鉴了 FPN 的思想。假设第一个用于检测的特征图是网络的第 n 层，在网络较浅的位置取第 m 层，$m < n$，第 m 层的尺寸大于第 n 层的尺寸，具有更细节的特征表达能力，对第 n 层的特征图进行上采样，使得上采样后的特征图和第 m 层的特征图具有相同的尺寸，然后把第 m 层特征图和上采样后的特征图对齐位置"摞"在一起（进行 concat 操作，与 FPN 的 elementwise add 操作有所区别），构成第 2 个特征图。新的特征图融合了深层和浅层特征，具备更好的多尺度表达能力。利用类似的方法，可以选取更浅层的特征图构造第 3 个特征图。分别基于这 3 个特征图进行预测，能够得到更好的多尺度目标检测效果。

3. 使用残差结构网络

YOLO 第三版借鉴了 ResNet 结构，也设计了一个残差网络 Darknet-53，如图 10-5 所示，使得整个网络更容易训练。

4. YOLO 代码解析

本节基于开源代码⊖对 YOLO 第三版关键部分的实现进行解析。

整个框架以 train.py 中的训练代码最为核心，主要包含命令行参数解析、模型构

⊖ 源码链接：https://github.com/eriklindernoren/PyTorch-YOLOv3。

造和初始化、模型训练以及模型评估几大步骤。

Type	Filters	Size	Output
Convolutional	32	3 × 3	256 × 256
Convolutional	64	3 × 3 / 2	128 × 128
1× Convolutional	32	1 × 1	
Convolutional	64	3 × 3	
Residual			128 × 128
Convolutional	128	3 × 3 / 2	64 × 64
2× Convolutional	64	1 × 1	
Convolutional	128	3 × 3	
Residual			64 × 64
Convolutional	256	3 × 3 / 2	32 × 32
8× Convolutional	128	1 × 1	
Convolutional	256	3 × 3	
Residual			32 × 32
Convolutional	512	3 × 3 / 2	16 × 16
8× Convolutional	256	1 × 1	
Convolutional	512	3 × 3	
Residual			16 × 16
Convolutional	1024	3 × 3 / 2	8 × 8
4× Convolutional	512	1 × 1	
Convolutional	1024	3 × 3	
Residual			8 × 8
Avgpool		Global	
Connected		1000	
Softmax			

图 10-5 Darknet-53 网络结构

```python
if __name__ == "__main__":
    # 设置命令行参数
    parser = argparse.ArgumentParser()
    parser.add_argument("--epochs", type=int, default=100, help="number of
        epochs")
    parser.add_argument("--batch_size", type=int, default=8, help="size of
        each image batch")
    parser.add_argument("--gradient_accumulations", type=int, default=2,
        help="number of gradient accums before step")
    parser.add_argument("--model_def", type=str, default="config/yolov3.cfg",
        help="path to model definition file")
    parser.add_argument("--data_config", type=str, default="config/coco.data",
        help="path to data config file")
    parser.add_argument("--pretrained_weights", type=str, help="if specified
        starts from checkpoint model")
    parser.add_argument("--n_cpu", type=int, default=8, help="number of cpu
        threads to use during batch generation")
    parser.add_argument("--img_size", type=int, default=416, help="size of
        each image dimension")
    parser.add_argument("--checkpoint_interval", type=int, default=1,
        help="interval between saving model weights")
    parser.add_argument("--evaluation_interval", type=int, default=1,
        help="interval evaluations on validation set")
```

```
parser.add_argument("--compute_map", default=False, help="if True computes
    mAP every tenth batch")
parser.add_argument("--multiscale_training", default=True, help="allow for
    multi-scale training")
opt = parser.parse_args()
print(opt)


logger = Logger("logs")

# 算法在 GPU 或 CPU 上执行
device = torch.device("cuda" if torch.cuda.is_available() else "cpu")

# 设置相关路径
os.makedirs("output", exist_ok=True)
os.makedirs("checkpoints", exist_ok=True)

# 读取配置信息
data_config = parse_data_config(opt.data_config)
train_path = data_config["train"]
valid_path = data_config["valid"]
class_names = load_classes(data_config["names"])

# 构建模型并初始化
model = Darknet(opt.model_def).to(device)
model.apply(weights_init_normal)

# 如果有预训练模型, 则从预训练模型开始进行迭代训练
if opt.pretrained_weights:
    if opt.pretrained_weights.endswith(".pth"):
        model.load_state_dict(torch.load(opt.pretrained_weights))
    else:
        model.load_darknet_weights(opt.pretrained_weights)

# 获取训练数据
dataset = ListDataset(train_path, augment=True, multiscale=opt.multiscale_
    training)
dataloader = torch.utils.data.DataLoader(
    dataset,
    batch_size=opt.batch_size,
    shuffle=True,
    num_workers=opt.n_cpu,
    pin_memory=True,
    collate_fn=dataset.collate_fn,
)

# 设置迭代优化的策略
optimizer = torch.optim.Adam(model.parameters())
```

```
# 输出日志信息
metrics = [
    "grid_size",
    "loss",
    "x",
    "y",
    "w",
    "h",
    "conf",
    "cls",
    "cls_acc",
    "recall50",
    "recall75",
    "precision",
    "conf_obj",
    "conf_noobj",
]

# 训练
for epoch in range(opt.epochs):
    model.train()
    start_time = time.time()
    for batch_i, (_, imgs, targets) in enumerate(dataloader):
        batches_done = len(dataloader) * epoch + batch_i

        imgs = Variable(imgs.to(device))
        targets = Variable(targets.to(device), requires_grad=False)

        loss, outputs = model(imgs, targets)
        loss.backward()

        if batches_done % opt.gradient_accumulations:
            optimizer.step()
            optimizer.zero_grad()

        # ----------------
        #   Log progress
        # ----------------

        log_str = "\n---- [Epoch %d/%d, Batch %d/%d] ----\n" % (epoch,
            opt.epochs, batch_i, len(dataloader))

        metric_table = [["Metrics", *[f"YOLO Layer {i}" for i in
            range(len(model.yolo_layers))]]]

        for i, metric in enumerate(metrics):
            formats = {m: "%.6f" for m in metrics}
            formats["grid_size"] = "%2d"
```

```
            formats["cls_acc"] = "%.2f%%"
            row_metrics = [formats[metric] % yolo.metrics.get(metric, 0)
                for yolo in model.yolo_layers]
            metric_table += [[metric, *row_metrics]]

            tensorboard_log = []
            for j, yolo in enumerate(model.yolo_layers):
                for name, metric in yolo.metrics.items():
                    if name != "grid_size":
                        tensorboard_log += [(f"{name}_{j+1}", metric)]
            tensorboard_log += [("loss", loss.item())]
            logger.list_of_scalars_summary(tensorboard_log, batches_done)

        log_str += AsciiTable(metric_table).table
        log_str += f"\nTotal loss {loss.item()}"

        epoch_batches_left = len(dataloader) - (batch_i + 1)
        time_left = datetime.timedelta(seconds=epoch_batches_left * (time.
            time() - start_time) / (batch_i + 1))
        log_str += f"\n---- ETA {time_left}"

        print(log_str)

        model.seen += imgs.size(0)

    # 模型评估
    if epoch % opt.evaluation_interval == 0:
        print("\n---- Evaluating Model ----")
        precision, recall, AP, f1, ap_class = evaluate(
            model,
            path=valid_path,
            iou_thres=0.5,
            conf_thres=0.5,
            nms_thres=0.5,
            img_size=opt.img_size,
            batch_size=8,
        )
        evaluation_metrics = [
            ("val_precision", precision.mean()),
            ("val_recall", recall.mean()),
            ("val_mAP", AP.mean()),
            ("val_f1", f1.mean()),
        ]
        logger.list_of_scalars_summary(evaluation_metrics, epoch)

        ap_table = [["Index", "Class name", "AP"]]
        for i, c in enumerate(ap_class):
            ap_table += [[c, class_names[c], "%.5f" % AP[i]]]
```

```
        print(AsciiTable(ap_table).table)
        print(f"---- mAP {AP.mean()}")

    if epoch % opt.checkpoint_interval == 0:
        torch.save(model.state_dict(), f"checkpoints/yolov3_ckpt_%d.pth" %
            epoch)
```

其中模型构造是核心部分，代码位于 models.py 文件，关键部分注释如下。

```
# YOLO 第三版的网络模型
class Darknet(nn.Module):
    """YOLOv3 object detection model"""

    def __init__(self, config_path, img_size=416):
        super(Darknet, self).__init__()
        # 读取模型配置文件
        self.module_defs = parse_model_config(config_path)
        # 构造网络
        self.hyperparams, self.module_list = create_modules(self.module_defs)
        # 提取网络的各层
        self.yolo_layers = [layer[0] for layer in self.module_list if
            hasattr(layer[0], "metrics")]
        self.img_size = img_size
        self.seen = 0
        self.header_info = np.array([0, 0, 0, self.seen, 0], dtype=np.int32)

    # 前向传播
    def forward(self, x, targets=None):
        img_dim = x.shape[2]
        loss = 0
        layer_outputs, yolo_outputs = [], []
        for i, (module_def, module) in enumerate(zip(self.module_defs, self.
            module_list)):
            # 卷积计算
            if module_def["type"] in ["convolutional", "upsample", "maxpool"]:
                x = module(x)
            elif module_def["type"] == "route":
                x = torch.cat([layer_outputs[int(layer_i)] for layer_i in
                    module_def["layers"].split(",")], 1)
            #elemetwiseed add
            elif module_def["type"] == "shortcut":
                layer_i = int(module_def["from"])
                x = layer_outputs[-1] + layer_outputs[layer_i]
            # 基于 anchor 计算损失函数
            elif module_def["type"] == "yolo":
                x, layer_loss = module[0](x, targets, img_dim)
                loss += layer_loss
                yolo_outputs.append(x)
```

```
            layer_outputs.append(x)
        yolo_outputs = to_cpu(torch.cat(yolo_outputs, 1))
        return yolo_outputs if targets is None else (loss, yolo_outputs)
```

构造各层的代码如下。

```python
# 根据模型配置文件构造网络
def create_modules(module_defs):
    """
    Constructs module list of layer blocks from module configuration in
        module_defs
    """
    # 超参数
    hyperparams = module_defs.pop(0)
    output_filters = [int(hyperparams["channels"])]
    module_list = nn.ModuleList()
    for module_i, module_def in enumerate(module_defs):
        modules = nn.Sequential()

        # 卷积
        if module_def["type"] == "convolutional":
            bn = int(module_def["batch_normalize"])
            filters = int(module_def["filters"])
            kernel_size = int(module_def["size"])
            pad = (kernel_size - 1) // 2
            modules.add_module(
                f"conv_{module_i}",
                nn.Conv2d(
                    in_channels=output_filters[-1],
                    out_channels=filters,
                    kernel_size=kernel_size,
                    stride=int(module_def["stride"]),
                    padding=pad,
                    bias=not bn,
                ),
            )
            if bn:
                modules.add_module(f"batch_norm_{module_i}", nn.BatchNorm2d
                    (filters, momentum=0.9, eps=1e-5))
            # 激活函数
            if module_def["activation"] == "leaky":
                modules.add_module(f"leaky_{module_i}", nn.LeakyReLU(0.1))

        # 最大池化
        elif module_def["type"] == "maxpool":
            kernel_size = int(module_def["size"])
            stride = int(module_def["stride"])
            if kernel_size == 2 and stride == 1:
```

```
            modules.add_module(f"_debug_padding_{module_i}", nn.ZeroPad2d
                ((0, 1, 0, 1)))
        maxpool = nn.MaxPool2d(kernel_size=kernel_size, stride=stride,
            padding=int((kernel_size - 1) // 2))
        modules.add_module(f"maxpool_{module_i}", maxpool)

    elif module_def["type"] == "upsample":
        upsample = Upsample(scale_factor=int(module_def["stride"]),
            mode="nearest")
        modules.add_module(f"upsample_{module_i}", upsample)

    # concat 操作层
    elif module_def["type"] == "route":
        layers = [int(x) for x in module_def["layers"].split(",")]
        filters = sum([output_filters[1:][i] for i in layers])
        modules.add_module(f"route_{module_i}", EmptyLayer())

    # elementwised add 操作层
    elif module_def["type"] == "shortcut":
        filters = output_filters[1:][int(module_def["from"])]
        modules.add_module(f"shortcut_{module_i}", EmptyLayer())

    # loss 计算层
    elif module_def["type"] == "yolo":
        anchor_idxs = [int(x) for x in module_def["mask"].split(",")]
        anchors = [int(x) for x in module_def["anchors"].split(",")]
        anchors = [(anchors[i], anchors[i + 1]) for i in range(0,
            len(anchors), 2)]
        anchors = [anchors[i] for i in anchor_idxs]
        num_classes = int(module_def["classes"])
        img_size = int(hyperparams["height"])
        yolo_layer = YOLOLayer(anchors, num_classes, img_size)
        modules.add_module(f"yolo_{module_i}", yolo_layer)
    module_list.append(modules)
    output_filters.append(filters)

return hyperparams, module_list
```

其中，基于 anchor 计算损失函数的代码如下。

```
# YOLO 层
class YOLOLayer(nn.Module):
    """Detection layer"""

    def __init__(self, anchors, num_classes, img_dim=416):
        super(YOLOLayer, self).__init__()
        self.anchors = anchors
        self.num_anchors = len(anchors)
```

```
        self.num_classes = num_classes
        self.ignore_thres = 0.5
        self.mse_loss = nn.MSELoss()
        self.bce_loss = nn.BCELoss()
        self.obj_scale = 1
        self.noobj_scale = 100
        self.metrics = {}
        self.img_dim = img_dim
        self.grid_size = 0  # grid size

    def compute_grid_offsets(self, grid_size, cuda=True):
        self.grid_size = grid_size
        g = self.grid_size
        FloatTensor = torch.cuda.FloatTensor if cuda else torch.FloatTensor
        self.stride = self.img_dim / self.grid_size
        self.grid_x = torch.arange(g).repeat(g, 1).view([1, 1, g, g]).
            type(FloatTensor)
        self.grid_y = torch.arange(g).repeat(g, 1).t().view([1, 1, g, g]).
            type(FloatTensor)
        self.scaled_anchors = FloatTensor([(a_w / self.stride, a_h / self.
            stride) for a_w, a_h in self.anchors])
        self.anchor_w = self.scaled_anchors[:, 0:1].view((1, self.num_anchors,
            1, 1))
        self.anchor_h = self.scaled_anchors[:, 1:2].view((1, self.num_anchors,
            1, 1))

    def forward(self, x, targets=None, img_dim=None):

        FloatTensor = torch.cuda.FloatTensor if x.is_cuda else torch.FloatTensor
        LongTensor = torch.cuda.LongTensor if x.is_cuda else torch.LongTensor
        ByteTensor = torch.cuda.ByteTensor if x.is_cuda else torch.ByteTensor

        self.img_dim = img_dim
        num_samples = x.size(0)
        grid_size = x.size(2)

        prediction = (
            x.view(num_samples, self.num_anchors, self.num_classes + 5, grid_
                size, grid_size)
            .permute(0, 1, 3, 4, 2)
            .contiguous()
        )

        # Get outputs
        x = torch.sigmoid(prediction[..., 0])  # Center x
        y = torch.sigmoid(prediction[..., 1])  # Center y
        w = prediction[..., 2]  # Width
```

```python
h = prediction[..., 3]  # Height
pred_conf = torch.sigmoid(prediction[..., 4])  # Conf
pred_cls = torch.sigmoid(prediction[..., 5:])  # Cls pred.

if grid_size != self.grid_size:
    self.compute_grid_offsets(grid_size, cuda=x.is_cuda)

pred_boxes = FloatTensor(prediction[..., :4].shape)
pred_boxes[..., 0] = x.data + self.grid_x
pred_boxes[..., 1] = y.data + self.grid_y
pred_boxes[..., 2] = torch.exp(w.data) * self.anchor_w
pred_boxes[..., 3] = torch.exp(h.data) * self.anchor_h

output = torch.cat(
    (
        pred_boxes.view(num_samples, -1, 4) * self.stride,
        pred_conf.view(num_samples, -1, 1),
        pred_cls.view(num_samples, -1, self.num_classes),
    ),
    -1,
)

if targets is None:
    return output, 0
else:
    iou_scores, class_mask, obj_mask, noobj_mask, tx, ty, tw, th, \
        tcls, tconf = build_targets(
        pred_boxes=pred_boxes,
        pred_cls=pred_cls,
        target=targets,
        anchors=self.scaled_anchors,
        ignore_thres=self.ignore_thres,
    )

    loss_x = self.mse_loss(x[obj_mask], tx[obj_mask])
    loss_y = self.mse_loss(y[obj_mask], ty[obj_mask])
    loss_w = self.mse_loss(w[obj_mask], tw[obj_mask])
    loss_h = self.mse_loss(h[obj_mask], th[obj_mask])
    loss_conf_obj = self.bce_loss(pred_conf[obj_mask], tconf[obj_mask])
    loss_conf_noobj = self.bce_loss(pred_conf[noobj_mask],
        tconf[noobj_mask])
    loss_conf = self.obj_scale * loss_conf_obj + self.noobj_scale * \
        loss_conf_noobj
    loss_cls = self.bce_loss(pred_cls[obj_mask], tcls[obj_mask])
    total_loss = loss_x + loss_y + loss_w + loss_h + loss_conf + loss_cls

    # Metrics
```

```
cls_acc = 100 * class_mask[obj_mask].mean()
conf_obj = pred_conf[obj_mask].mean()
conf_noobj = pred_conf[noobj_mask].mean()
conf50 = (pred_conf > 0.5).float()
iou50 = (iou_scores > 0.5).float()
iou75 = (iou_scores > 0.75).float()
detected_mask = conf50 * class_mask * tconf
precision = torch.sum(iou50 * detected_mask) / (conf50.sum() + 1e-
    16)
recall50 = torch.sum(iou50 * detected_mask) / (obj_mask.sum() +
    1e-16)
recall75 = torch.sum(iou75 * detected_mask) / (obj_mask.sum() +
    1e-16)

self.metrics = {
    "loss": to_cpu(total_loss).item(),
    "x": to_cpu(loss_x).item(),
    "y": to_cpu(loss_y).item(),
    "w": to_cpu(loss_w).item(),
    "h": to_cpu(loss_h).item(),
    "conf": to_cpu(loss_conf).item(),
    "cls": to_cpu(loss_cls).item(),
    "cls_acc": to_cpu(cls_acc).item(),
    "recall50": to_cpu(recall50).item(),
    "recall75": to_cpu(recall75).item(),
    "precision": to_cpu(precision).item(),
    "conf_obj": to_cpu(conf_obj).item(),
    "conf_noobj": to_cpu(conf_noobj).item(),
    "grid_size": grid_size,
}

return output, total_loss
```

10.2 SSD 算法

SSD（Single Shot Detector）也是一种重要的一阶段检测算法，如图 10-6 所示，其核心思想是在特征图的每个位置上，预设固定的一系列默认框（default box），这些默认框类似于 Faster R-CNN 的锚，我们亦可以称其为锚。SSD 算法使用小尺寸的卷积网络在特征图上滑窗，对于每个位置的各个锚，分别回归目标类型的概率以及目标框相对于锚的位置偏移量和缩放尺度。SSD 算法的一个显著特点是，基于不同尺度的特征图进行预测，有效提升了算法对不同尺度目标的检测能力。

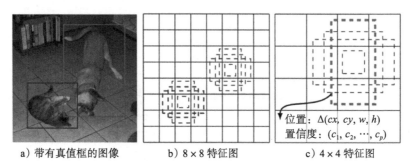

a）带有真值框的图像　　　　b）8×8特征图　　　　c）4×4特征图

图 10-6　SSD 算法的 anchor 匹配[◯]

10.2.1　SSD 算法原理

SSD 算法的网络模型包括两大部分：一部分是基础骨架，用于生成一系列不同尺寸的特征图，这些特征图由浅层到深层尺寸逐渐变小；另一部分是一系列在不同尺寸特征图上滑窗的卷积网络，如图 10-7 所示，用于回归特征图上每个位置各个锚对应的目标类型概率以及目标框相对于锚的位置偏移量和缩放尺度。对于一个尺寸为 $m×n$，通道数为 p 的特征图，通常使用一个尺寸为 3×3，通道数为 p 的小卷积核，这个小卷积核被应用于特征图的 $m×n$ 个位置上。每个位置对应 k 个锚，回归的目标类型的概率以及目标框的偏移量和缩放尺度，都是相对于当前锚而言的。假设共有 c 个目标类别（含背景类），则每个锚需要回归 c 个概率值以及水平方向、垂直方向的偏移量和缩放因子，合计 $(c+4)×k$ 个参数，对于整个 $m×n$ 的特征图，需要回归 $(c+4)×k×m×n$ 个参数。SSD 算法的锚和 Faster R-CNN 类似，都是在一个位置取若干尺度、横纵比的预设框，区别在于 SSD 的锚分布在不同层次的特征图上，覆盖了更多的尺度。

10.2.2　训练方法

SSD 算法的训练过程和之前介绍的基于候选框（region proposal）算法的训练过程有一个关键区别，即 SSD 算法中的真值信息需要被关联到各层特征图各个位置的一系列锚上，这里锚的位置和形状是固定的。这个特性，使得 SSD 的整个训练过程构成一个端到端的结构。

◯　图像来自 SSD 算法论文"SSD: Single Shot MultiBox Detector"。

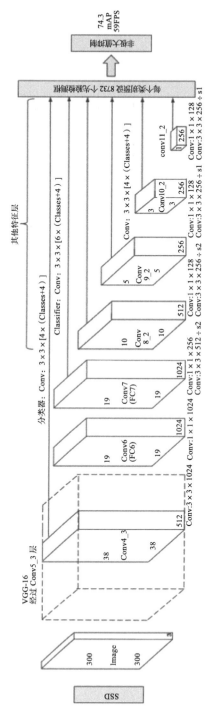

图 10-7   SSD 检测算法基于多层特征进行回归⊖

⊖   图像来自 SSD 算法论文 "SSD: Single Shot MultiBox Detector"。

在训练的过程中，需要给出真值和锚的匹配规则。对于每一个真值，首先匹配给所有锚中与当前真值的交并比最大的锚，而后匹配给所有锚中与当前真值的交并比大于某个阈值（一般选为 0.5）的锚。通过这种方法，只要交并比大于阈值，一个真值就可以被匹配到多个锚。

下面讨论一下 SSD 训练的目标函数。令 $x_{ij}^p = \{1,0\}$，x_{ij}^p 表示一个指示变量，当第 i 个锚和第 j 个真值（类别为 p）按照上述规则匹配时，$x_{ij}^p = 1$，否则 $x_{ij}^p = 0$。对于任何一个真值，其必然至少和一个 anchor 匹配，则有 $\sum_i x_{ij}^p \geqslant 1$。模型训练的损失函数可以通过分类损失和位置损失来表达，具体公式如下：

$$L(x,c,l,g) = \frac{1}{N}[L_{\text{conf}}(x,c) + \alpha L_{\text{loc}}(x,l,g)] \qquad (10\text{-}5)$$

其中，N 表示和真值匹配成功的 anchor 的个数，当图像为纯背景，没有真值时，$N = 0$，此时记 $L(x,c,l,g) = 0$。公式中 x 表示各个指示变量，c 表示每个类别的概率值，l 表示预测框，g 表示真值框，位置损失 $L_{\text{loc}}(x,l,g)$ 是预测框 l 和真值框 g 之间的平滑 $L1$ 损失，即 smooth_{L1}，定义参考第 8 章式（8-11）、式（8-12）。与第 8 章介绍的 Faster R-CNN 类似，回归的是预测框 l 相对于所匹配的 anchor 中心点 (cx,cy) 的偏移，以及相对于 anchor 宽 w、高 h 的缩放尺度，位置损失的公式如下。

$$
\begin{aligned}
L_{\text{loc}}(x,l,g) &= \sum_{i \in \text{Pos}}^N \sum_{m \in \{cx,cy,w,h\}} x_{ij}^p \text{smooth}_{L1}(l_i^m - \hat{g}_j^m) \\
\hat{g}_j^{cx} &= \frac{(g_j^{cx} - d_i^{cx})}{d_i^w} \\
\hat{g}_j^{cy} &= \frac{(g_j^{cy} - d_i^{cy})}{d_i^h} \\
\hat{g}_j^w &= \log\left(\frac{g_j^w}{d_i^w}\right) \quad \hat{g}_j^h = \log\left(\frac{g_j^h}{d_i^h}\right)
\end{aligned}
\qquad (10\text{-}6)
$$

分类损失就是多个分类概率 c 的 softmax 损失，公式如下。

$$L_{\text{conf}}(x,c) = -\sum_{i \in \text{Pos}}^N x_{ij}^p \log(\hat{c}_i^p) - \sum_{i \in \text{Neg}} \log(\hat{c}_i^0) \qquad (10\text{-}7)$$

其中

$$\hat{c}_i^p = \frac{\exp(c_i^p)}{\sum\limits_p \exp(c_i^p)}$$

整体损失函数是位置损失和分类损失的加权求和，通常情况下，位置损失和分类损失的权重比例因子取值为 1。

为了检测多尺度的目标，SSD 使用了特征金字塔的方法。基于底层特征图提取的特征具有更多细节信息，适合检测较小的目标，基于高层特征图提取的特征具有更多整体信息，适合检测较大的目标。根据不同检测任务设置每一层上锚的尺寸和宽高比是非常有技巧的，一个基本的原则就是尽可能用有限数量的锚覆盖实际场景中各个尺度的目标。

在实际场景中，一幅图像上能够和目标匹配的锚数量要远小于无法和目标匹配的锚数量，这就导致了样本中负样本的比例远小于正样本的比例，造成严重的样本不均衡问题。通常使用难例挖掘（hared negative mining）方法解决这一问题。具体做法是，训练时计算每个锚产生的损失，对负样本按照损失大小进行排序，取损失值最大的那部分锚进行模型迭代。负样本的选取比例可以根据实际问题进行调整，一个常规的做法是按照正样本：负样本 =1 : 3 比例选取负样本。

为了更好地检测实际场景不同尺寸和形状的目标，通常采用数据增强的方法。具体策略主要有以下 3 个步骤。

1）在原图上进行重采样。重采样的数据一般包含如下 3 种。

- 原始图像。
- 与目标相交的图像，相交的最小比例是 0.1、0.3、0.5、0.7、0.9 等。
- 随机采样。

重采样的图像宽高比限制在 1 : 2 ～ 2 : 1，采样之后被拉伸到统一尺寸进行归一化处理。

2）对归一化处理之后的图像进行水平镜像处理。

3）添加相机畸变。

10.2.3　SSD 代码解析

本节基于开源代码[⊖]对 SSD 算法关键部分的实现进行解析，更多细节读者可以下载源码进一步了解。

代码最核心的部分是 train.py 文件中的训练代码 train() 函数。

```python
def train():
    if args.dataset == 'COCO':
        if args.dataset_root == VOC_ROOT:
            if not os.path.exists(COCO_ROOT):
                parser.error('Must specify dataset_root if specifying dataset')
            print("WARNING: Using default COCO dataset_root because " +
                "--dataset_root was not specified.")
            args.dataset_root = COCO_ROOT
        cfg = coco
        dataset = COCODetection(root=args.dataset_root,
                                transform=SSDAugmentation(cfg['min_dim'],
                                                         MEANS))
    elif args.dataset == 'VOC':
        if args.dataset_root == COCO_ROOT:
            parser.error('Must specify dataset if specifying dataset_root')
        cfg = voc
        dataset = VOCDetection(root=args.dataset_root,
                                transform=SSDAugmentation(cfg['min_dim'],
                                                         MEANS))

    if args.visdom:
        import visdom
        viz = visdom.Visdom()

    # 构建 SSD 检测网络
    ssd_net = build_ssd('train', cfg['min_dim'], cfg['num_classes'])
    net = ssd_net

    if args.cuda:
        net = torch.nn.DataParallel(ssd_net)
        cudnn.benchmark = True

    if args.resume:
        print('Resuming training, loading {}...'.format(args.resume))
        ssd_net.load_weights(args.resume)
```

⊖ 源码地址为 https://github.com/amdegroot/ssd.pytorch。

```
else:
    vgg_weights = torch.load(args.save_folder + args.basenet)
    print('Loading base network...')
    ssd_net.vgg.load_state_dict(vgg_weights)

if args.cuda:
    net = net.cuda()

if not args.resume:
    print('Initializing weights...')
    # initialize newly added layers' weights with xavier method
    ssd_net.extras.apply(weights_init)
    ssd_net.loc.apply(weights_init)
    ssd_net.conf.apply(weights_init)

# 构造优化器参数
optimizer = optim.SGD(net.parameters(), lr=args.lr, momentum=args.momentum,
                      weight_decay=args.weight_decay)
# 定义 loss 函数
criterion = MultiBoxLoss(cfg['num_classes'], 0.5, True, 0, True, 3, 0.5,
                         False, args.cuda)
net.train()
loc_loss = 0
conf_loss = 0
epoch = 0
print('Loading the dataset...')

epoch_size = len(dataset)
print('Training SSD on:', dataset.name)
print('Using the specified args:')
print(args)

step_index = 0

if args.visdom:
    vis_title = 'SSD.PyTorch on ' + dataset.name
    vis_legend = ['Loc Loss', 'Conf Loss', 'Total Loss']
    iter_plot = create_vis_plot('Iteration', 'Loss', vis_title, vis_
        legend)
    epoch_plot = create_vis_plot('Epoch', 'Loss', vis_title, vis_legend)

data_loader = data.DataLoader(dataset, args.batch_size,
                              num_workers=args.num_workers,
                              shuffle=True, collate_fn=detection_collate,
                              pin_memory=True)
batch_iterator = iter(data_loader)
# 迭代训练
for iteration in range(args.start_iter, cfg['max_iter']):
```

```
    if args.visdom and iteration != 0 and (iteration % epoch_size == 0):
        update_vis_plot(epoch, loc_loss, conf_loss, epoch_plot, None,
                        'append', epoch_size)
        loc_loss = 0
        conf_loss = 0
        epoch += 1

    if iteration in cfg['lr_steps']:
        step_index += 1
        adjust_learning_rate(optimizer, args.gamma, step_index)

    images, targets = next(batch_iterator)

    if args.cuda:
        images = Variable(images.cuda())
        targets = [Variable(ann.cuda(), volatile=True) for ann in targets]
    else:
        images = Variable(images)
        targets = [Variable(ann, volatile=True) for ann in targets]
    t0 = time.time()
    out = net(images)
    optimizer.zero_grad()
    loss_l, loss_c = criterion(out, targets)
    loss = loss_l + loss_c
    loss.backward()
    optimizer.step()
    t1 = time.time()
    loc_loss += loss_l.data[0]
    conf_loss += loss_c.data[0]

    if iteration % 10 == 0:
        print('timer: %.4f sec.' % (t1 - t0))
        print('iter ' + repr(iteration) + ' || Loss: %.4f ||' % (loss.
            data[0]), end=' ')

    if args.visdom:
        update_vis_plot(iteration, loss_l.data[0], loss_c.data[0],
                        iter_plot, epoch_plot, 'append')

    if iteration != 0 and iteration % 5000 == 0:
        print('Saving state, iter:', iteration)
        torch.save(ssd_net.state_dict(), 'weights/ssd300_COCO_' +
                   repr(iteration) + '.pth')
torch.save(ssd_net.state_dict(),
        args.save_folder + '' + args.dataset + '.pth')
```

其中构建 SSD 网络的工作由 build_ssd() 函数完成，代码如下。

```
def build_ssd(phase, size=300, num_classes=21):
    if phase != "test" and phase != "train":
        print("ERROR: Phase: " + phase + " not recognized")
        return
    if size != 300:
        print("ERROR: You specified size " + repr(size) + ". However, " +
              "currently only SSD300 (size=300) is supported!")
        return
    base_, extras_, head_ = multibox(vgg(base[str(size)], 3),
                              add_extras(extras[str(size)], 1024),
                              mbox[str(size)], num_classes)
    return SSD(phase, size, base_, extras_, head_, num_classes)
```

构造 VGG 网络中的层、各个附加的卷积层、位置损失 / 类别损失层，以及 anchor 框，然后基于上述层和 anchor 搭建 SSD 网络，代码如下。

```
class SSD(nn.Module):
    """Single Shot Multibox Architecture
    The network is composed of a base VGG network followed by the
    added multibox conv layers.  Each multibox layer branches into
        1) conv2d for class conf scores
        2) conv2d for localization predictions
        3) associated priorbox layer to produce default bounding
           boxes specific to the layer's feature map size.
    See: https://arxiv.org/pdf/1512.02325.pdf for more details.

    Args:
        phase: (string) Can be "test" or "train"
        size: input image size
        base: VGG16 layers for input, size of either 300 or 500
        extras: extra layers that feed to multibox loc and conf layers
        head: "multibox head" consists of loc and conf conv layers
    """

    def __init__(self, phase, size, base, extras, head, num_classes):
        super(SSD, self).__init__()
        self.phase = phase
        self.num_classes = num_classes
        self.cfg = (coco, voc)[num_classes == 21]
        self.priorbox = PriorBox(self.cfg)
        self.priors = Variable(self.priorbox.forward(), volatile=True)
        self.size = size

        # SSD 网络
        self.vgg = nn.ModuleList(base)
        self.L2Norm = L2Norm(512, 20)
        self.extras = nn.ModuleList(extras)
```

```
        self.loc = nn.ModuleList(head[0])
        self.conf = nn.ModuleList(head[1])

        if phase == 'test':
            self.softmax = nn.Softmax(dim=-1)
            self.detect = Detect(num_classes, 0, 200, 0.01, 0.45)

def forward(self, x):
    """Applies network layers and ops on input image(s) x.

    Args:
        x: input image or batch of images. Shape: [batch,3,300,300].

    Return:
        Depending on phase:
        test:
            Variable(tensor) of output class label predictions,
            confidence score, and corresponding location predictions for
            each object detected. Shape: [batch,topk,7]

        train:
            list of concat outputs from:
                1: confidence layers, Shape: [batch*num_priors,num_classes]
                2: localization layers, Shape: [batch,num_priors*4]
                3: priorbox layers, Shape: [2,num_priors*4]
    """
    sources = list()
    loc = list()
    conf = list()

    for k in range(23):
        x = self.vgg[k](x)

    s = self.L2Norm(x)
    sources.append(s)

    for k in range(23, len(self.vgg)):
        x = self.vgg[k](x)
    sources.append(x)

    for k, v in enumerate(self.extras):
        x = F.relu(v(x), inplace=True)
        if k % 2 == 1:
            sources.append(x)

    for (x, l, c) in zip(sources, self.loc, self.conf):
        loc.append(l(x).permute(0, 2, 3, 1).contiguous())
        conf.append(c(x).permute(0, 2, 3, 1).contiguous())
```

```
loc = torch.cat([o.view(o.size(0), -1) for o in loc], 1)
conf = torch.cat([o.view(o.size(0), -1) for o in conf], 1)
if self.phase == "test":
    output = self.detect(
        loc.view(loc.size(0), -1, 4),                # loc preds
        self.softmax(conf.view(conf.size(0), -1,
                self.num_classes)),                  # conf preds
        self.priors.type(type(x.data))               # default boxes
    )
else:
    output = (
        loc.view(loc.size(0), -1, 4),
        conf.view(conf.size(0), -1, self.num_classes),
        self.priors
    )
return output
```

基于前文讨论的类别损失和位置损失定义损失函数，代码如下。

```
class MultiBoxLoss(nn.Module):
    """SSD Weighted Loss Function
    Compute Targets:
        1) Produce Confidence Target Indices by matching  ground truth boxes
           with (default) 'priorboxes' that have jaccard index > threshold
                parameter
           (default threshold: 0.5).
        2) Produce localization target by 'encoding' variance into offsets of
           ground
           truth boxes and their matched  'priorboxes'.
        3) Hard negative mining to filter the excessive number of negative
           examples
           that comes with using a large number of default bounding boxes.
           (default negative:positive ratio 3:1)
    Objective Loss:
        L(x,c,l,g) = (Lconf(x, c) + αLloc(x,l,g)) / N
        Where, Lconf is the CrossEntropy Loss and Lloc is the SmoothL1 Loss
        weighted by α which is set to 1 by cross val.
        Args:
            c: class confidences,
            l: predicted boxes,
            g: ground truth boxes
            N: number of matched default boxes
        See: https://arxiv.org/pdf/1512.02325.pdf for more details.
    """

    def __init__(self, num_classes, overlap_thresh, prior_for_matching,
                bkg_label, neg_mining, neg_pos, neg_overlap, encode_target,
                use_gpu=True):
```

```
        super(MultiBoxLoss, self).__init__()
        self.use_gpu = use_gpu
        self.num_classes = num_classes
        self.threshold = overlap_thresh
        self.background_label = bkg_label
        self.encode_target = encode_target
        self.use_prior_for_matching = prior_for_matching
        self.do_neg_mining = neg_mining
        self.negpos_ratio = neg_pos
        self.neg_overlap = neg_overlap
        self.variance = cfg['variance']

    def forward(self, predictions, targets):
        """Multibox Loss
        Args:
            predictions (tuple): A tuple containing loc preds, conf preds,
            and prior boxes from SSD net.
                conf shape: torch.size(batch_size,num_priors,num_classes)
                loc shape: torch.size(batch_size,num_priors,4)
                priors shape: torch.size(num_priors,4)

            targets (tensor): Ground truth boxes and labels for a batch,
                shape: [batch_size,num_objs,5] (last idx is the label).
        """
        loc_data, conf_data, priors = predictions
        num = loc_data.size(0)
        priors = priors[:loc_data.size(1), :]
        num_priors = (priors.size(0))
        num_classes = self.num_classes

        loc_t = torch.Tensor(num, num_priors, 4)
        conf_t = torch.LongTensor(num, num_priors)
        for idx in range(num):
            truths = targets[idx][:, :-1].data
            labels = targets[idx][:, -1].data
            defaults = priors.data
            match(self.threshold, truths, defaults, self.variance, labels,
                    loc_t, conf_t, idx)
        if self.use_gpu:
            loc_t = loc_t.cuda()
            conf_t = conf_t.cuda()
        loc_t = Variable(loc_t, requires_grad=False)
        conf_t = Variable(conf_t, requires_grad=False)

        pos = conf_t > 0
        num_pos = pos.sum(dim=1, keepdim=True)

        pos_idx = pos.unsqueeze(pos.dim()).expand_as(loc_data)
```

```
loc_p = loc_data[pos_idx].view(-1, 4)
loc_t = loc_t[pos_idx].view(-1, 4)
loss_l = F.smooth_l1_loss(loc_p, loc_t, size_average=False)

batch_conf = conf_data.view(-1, self.num_classes)
loss_c = log_sum_exp(batch_conf) - batch_conf.gather(1, conf_t.view(-1,
    1))

loss_c[pos] = 0   # filter out pos boxes for now
loss_c = loss_c.view(num, -1)
_, loss_idx = loss_c.sort(1, descending=True)
_, idx_rank = loss_idx.sort(1)
num_pos = pos.long().sum(1, keepdim=True)
num_neg = torch.clamp(self.negpos_ratio*num_pos, max=pos.size(1)-1)
neg = idx_rank < num_neg.expand_as(idx_rank)

pos_idx = pos.unsqueeze(2).expand_as(conf_data)
neg_idx = neg.unsqueeze(2).expand_as(conf_data)
conf_p = conf_data[(pos_idx+neg_idx).gt(0)].view(-1, self.num_classes)
targets_weighted = conf_t[(pos+neg).gt(0)]
loss_c = F.cross_entropy(conf_p, targets_weighted, size_average=False)

N = num_pos.data.sum()
loss_l /= N
loss_c /= N
return loss_l, loss_c
```

上面粗略给出了代码的基本结构，读者如果想深入理解代码的细节，可以从 GitHub 上获取完整代码，自行编译后逐步调试、观察每一步的输出结果以加深理解。

10.3 FCOS 算法

FCOS（Fully Convolutional One-Stage Object Detector，全卷积一阶段目标检测）算法是一种基于全卷积网络的一阶段目标检测算法。与之前介绍的 Faster R-CNN、SSD、YOLO 等算法不同，FCOS 不依赖锚，甚至不依赖候选框，而是直接针对图像上的每个像素预测可能包含该像素的目标框的位置。这样的算法设计，既避免了在训练过程中与锚相关的计算，也避免了与锚相关的调参操作，大大简化了训练过程。

10.3.1 FCOS 算法原理

前文介绍的几种目标检测算法有一个共同之处，就是都使用了预定义的锚。锚的使用是上述算法非常重要的成功因素，但这种方式也存在一定的弊端，主要体现在如下几个方面：（1）在具体的算法实现过程中，因为每个场景下对锚的大小及形状进行不同取值，会明显影响算法的性能，所以在模型训练的过程中，需要非常仔细地进行调整，以达到更优的性能，这样给模型训练增加了复杂性；（2）在同一个检测任务中，锚的大小及形状仅有几个固定的取值，对于检测目标尺寸和形状有较大变化的场景，算法的性能会受到一些影响；（3）为了能够更好地覆盖检测目标，在一张图像上会有非常多的锚，而其中绝大多数是负样本，这导致正负样本极为不平衡；（4）使用锚，涉及大量与真值框交并比的计算，造成很大的计算开销。

为了解决使用锚存在的上述问题，诞生了一个新的思路，就是不再使用锚，而是基于每个像素，直接预测包含该像素的目标框的位置及目标的类别，如图 10-8 所示。对于每个像素，预测的目标框用一个 4 维向量 (l,r,t,b) 表示，l、r、t、b 分别代表该像素点到目标框左、右、上、下边边缘的距离。每个像素都对应一个预测的目标框，根据所有预测的目标框的类别和置信度，通过非极大值抑制，就能够得到最终的预测结果。下面详细介绍算法的具体细节。

图 10-8   FCOS 检测算法示意图[⊖]

1. 基于全卷积网络的一阶段检测算法

令 $F_i \in R^{H \times W \times C}$ 表示网络骨架的第 i 层输出的特征图，s 表示该层相对于原始图

⊖   图像来自 FCOS 算法论文 "FCOS- Fully Convolutional One-Stage Object Detection"。

像的采样间隔（stride）。图像中的真值框用 $\{B_i\}$ 表示，其中 $B_i = (x_0^i, y_0^i, x_1^i, y_1^i, c^i) \in R^4 \times \{1, 2, \cdots, C\}$，$(x_0^i, y_0^i)$ 和 (x_1^i, y_1^i) 分别表示框的左上角坐标和右下角坐标，c^i 表示框归属的类别，C 表示类别的数量，比如对于 COCO 数据集，C 的取值为 80。

对于特征图 F_i 上的一点 (x, y)，可以将其投影到输入图像的原始像素 $\left(\left\lfloor\dfrac{s}{2}\right\rfloor + xs, \left\lfloor\dfrac{s}{2}\right\rfloor + ys\right)$ 上，这个投影位置记为 (x_p, y_p)，临近 (x, y) 感受野的中心。与基于锚的方法需要回归锚与真值之间的位置偏移和尺度缩放的方法不同，FCOS 直接回归 (x, y) 在原始图像上的投影 (x_p, y_p) 到真值左、右、上、下 4 个边缘的距离，也就是说 F_i 上的每个位置 (x, y)，都是 FCOS 的训练样本。更具体地说，如果 (x, y) 的投影 (x_p, y_p) 落在某个真值框之内，(x, y) 就被视为一个正样本，这个真值框包围的目标的类别 c^*，就是 (x, y) 的所属的类别；如果 (x, y) 的投影 (x_p, y_p) 落在多个彼此覆盖的真值框内，我们就选定其中最小的作为 (x, y) 所属的真值框；如果 (x, y) 的投影 (x_p, y_p) 未落在任何一个真值框内，则 (x, y) 为负样本，其所属类别为背景类，即 $c^* = 0$。对于一个正样本，除了要回归类别标签，还需要回归一个 4 维的向量，用于定位 (x, y) 投影点 (x_p, y_p) 对应的目标框。记这个 4 维向量 $T^* = (l^*, r^*, t^*, b^*)$，$l^*, r^*, t^*, b^*$ 分别表示 (x, y) 的投影点到目标框左、右、上、下 4 个边缘的距离，即：

$$l^* = x_p - x_0^i, r^* = x_1^i - x_p, t^* = y_p - y_0^i, b^* = y_1^i - y_p \tag{10-8}$$

很显然，通过这样的方式，避免了锚一系列计算 IoU 的过程，明显提升了算法运行的效率。

基于 FCOS 算法的思想，网络的输出至少包含两个分支：第一个分支是用于分类的概率向量 p，向量的维数等于待检测目标的类别数 C，与多类别 softmax 分类器不同，FCOS 训练了 C 个二分类分类器，向量 p 的每个分量对应一个目标类别的置信度，置信度最高的分量对应的目标类别，就是网络预测出的目标框的类型；第二个分支是用 4 维向量表示的目标框的位置，具体含义如前文所述，因为每个分量的含义都是点到目标框边缘的距离，其值总是大于 0，所以以算法实现的过程是通过指数函数 $\exp(x)$ 进行变换，以保证最终的取值恒为非负值。

根据 FCOS 网络的输出，训练的损失函数按照如下方式定义。

$$L(\{p_{x,y}\},\{t_{x,y}\},) = \frac{1}{N_{\text{pos}}}\sum_{x,y}L_{\text{cls}}(p_{x,y},c_{x,y}^*) + \frac{\lambda}{N_{\text{pos}}}\sum_{x,y}I_{\{c_{x,y}^*>0\}}L_{\text{reg}}(t_{x,y},t_{x,y}^*) \qquad （10-9）$$

其中，L_{cls} 为焦点损失函数，L_{reg} 为交并比损失函数（IoU loss），即

$$L_{\text{reg}} = -\ln\left(\frac{\{t_{x,y}\}\bigcap\{t_{x,y}^*\}}{\{t_{x,y}\}\bigcup\{t_{x,y}^*\}}\right) \qquad （10-10）$$

公式中 $\{t_{x,y}\}$ 和 $\{t_{x,y}^*\}$ 分别表示 $t_{x,y}$ 和 $t_{x,y}^*$ 对应的矩形框。N_{pos} 表示正样本的个数，λ 是两个损失的权重因子（通常取 $\lambda=1$），Σ 表示对特征图 F_i 上所有位置 (x,y) 求和，$I_{\{c_{x,y}^*>0\}}$ 为示性函数，当 $c_{x,y}^*>0$，即 $c_{x,y}^*$ 为目标类别时，其值取 1，否则取 0。

在推理过程中，基于上述方法，可以根据一定的阈值，直接推理出每个目标框的位置及其类别，最后使用 NMS 得到输出结果。

2. 使用特征金字塔进行多尺度预测

如果预测目标框的时候仅使用卷积网络最后一层特征图，会遇到两个问题：一个是相对原图来说，最后一层采样的间隔很大，编码主要是整体信息，对于比较小的目标信息损失会比较多，容易产生漏检；另一个是不容易区分交叠在一起的目标。为了解决这些问题，FCOS 使用了特征金字塔（FPN）方法。

使用 FPN 方法的基本思路是，不同层的特征图，预测不同尺寸的目标框。如图 10-9 左侧所示，我们将 FPN 的特征图用 $\{P_3,P_4,P_5,P_6,P_7\}$ 来表示，P_3、P_4、P_5 和前文介绍的一样，由主干网络的输出特征图 C_3、C_4、C_5 经过自上而下的过程构建，P_6、P_7 分别基于 P_5、P_6，通过采样间隔为 2（stride = 2）的卷积操作构建，P_3、P_4、P_5、P_6、P_7 相对于原图的采样间隔，分别为 8、16、32、64 和 128。

基于锚的检测方法针对不同层次的特征设置了不同尺度的锚框，而 FCOS 是直接限制了通过每一层特征能够回归的框的尺寸。对于 FPN 的各层特征图 P_3、P_4、P_5、P_6、P_7，分别设置 m_2、m_3、m_4、m_5、m_6、m_7，比如分别取 0、64、128、256、512、∞，对于第 i 层特征图，限制 $m_{i-1} \leqslant \max(l^*,r^*,t^*,b^*) \leqslant m_i$，如果需要回归的真值框不在限制条件内，则对应的特征图上的点视为负样本，FPN 每一层只负责

回归对应尺度的目标框，因此算法的性能得到了较好的保障。另外，因为交叠的目标通常归属于不同的特征图，所以这种方法在一定程度上解决了交叠目标的回归问题，但如果两个交叠目标的尺度非常接近，属于同一层特征图，算法的策略仍然是选择较小的框作为回归对象。

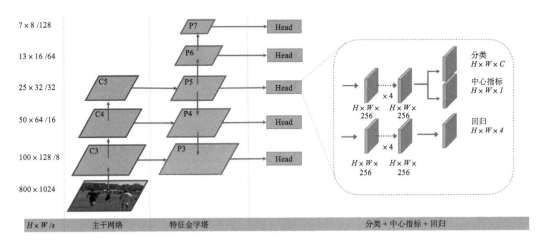

图 10-9 FCOS 检测算法网络结构

3. FCOS 的中心指标（center-ness）

我们在实际测试过程中会发现，即使使用了 FPN 方法，FCOS 的回归结果和基于锚的方法仍有一些差距，通过分析可知，一个主要原因是有很多预测框的中心明显偏离了特征图上训练样本在原图上的投影点，产生了很多的低质量的预测框，这些低质量的预测框相当于噪声，严重影响了后面 NMS 的结果。为了解决这个问题，FCOS 引入一个中心指标（center-ness），用于衡量预测框相对于投影点的对称性，计算方法如下。

$$\text{cener-ness}^* = \sqrt{\frac{\min(l^*, r^*)}{\max(l^*, r^*)} \times \frac{\min(t^*, b^*)}{\max(t^*, b^*)}} \tag{10-11}$$

中心指标取值为 $0 \sim 1$，取值越大意味着投影点与预测框中心的重合度越高，在训练过程中，如图 10-10 所示，分类分支再分成两个分支：一个用来回归当前像素类

⊖　图像来自 FCOS 算法论文 "FCOS- Fully Convolutional One-Stage Object Detection"。

别的概率；另一个用来回归中心指标；在测试过程中，中心指标作为一个权重因子与分类分支类别的置信度相乘，即使某个类别的置信度很高，如果中心指标的值非常小，整体加权结果也会很小，可以被阈值过滤掉，从而不参与 MNS 的计算，使得算法的性能和计算效率都有一个显著的提升。

图 10-10　中心指标示意图⊖

10.3.2　FCOS 源码解析

本节介绍一个 FCOS 算法的极简实现，代码如下。

```python
import torch
import torch.nn as nn
import torchvision

# 卷积 +ReLU 激活
def Conv3x3ReLU(in_channels,out_channels):
    return nn.Sequential(

nn.Conv2d(in_channels=in_channels,out_channels=out_channels,kernel_size=3,
    stride=1,padding=1), nn.ReLU6(inplace=True)
    )

# 用于回归位置的卷积层
def locLayer(in_channels,out_channels):
    return nn.Sequential(
            Conv3x3ReLU(in_channels=in_channels, out_channels=in_channels),
            Conv3x3ReLU(in_channels=in_channels, out_channels=in_channels),
            Conv3x3ReLU(in_channels=in_channels, out_channels=in_channels),
            Conv3x3ReLU(in_channels=in_channels, out_channels=in_channels),
```

⊖　图像来自 FCOS 算法论文 "FCOS- Fully Convolutional One-Stage Object Detection"。

```
            nn.Conv2d(in_channels=in_channels, out_channels=out_channels,
                kernel_size=3, stride=1, padding=1),
        )

# 用于回归中心因子和类别概率的卷积层
def conf_centernessLayer(in_channels,out_channels):
    return nn.Sequential(
        Conv3x3ReLU(in_channels=in_channels, out_channels=in_channels),
        Conv3x3ReLU(in_channels=in_channels, out_channels=in_channels),
        Conv3x3ReLU(in_channels=in_channels, out_channels=in_channels),
        Conv3x3ReLU(in_channels=in_channels, out_channels=in_channels),
        nn.Conv2d(in_channels=in_channels, out_channels=out_channels, kernel_
            size=3, stride=1, padding=1),
    )

# 构造 FCOS 模型
class FCOS(nn.Module):
    def __init__(self, num_classes=21):
        super(FCOS, self).__init__()
        self.num_classes = num_classes
        # 主干网络基于 resnet50
        resnet = torchvision.models.resnet50()
        layers = list(resnet.children())

        self.layer1 = nn.Sequential(*layers[:5])
        self.layer2 = nn.Sequential(*layers[5])
        self.layer3 = nn.Sequential(*layers[6])
        self.layer4 = nn.Sequential(*layers[7])

        self.lateral5 = nn.Conv2d(in_channels=2048, out_channels=256, kernel_
            size=1)
        self.lateral4 = nn.Conv2d(in_channels=1024, out_channels=256, kernel_
            size=1)
        self.lateral3 = nn.Conv2d(in_channels=512, out_channels=256, kernel_
            size=1)

        self.upsample4 = nn.ConvTranspose2d(in_channels=256, out_channels=256,
            kernel_size=4, stride=2, padding=1)
        self.upsample3 = nn.ConvTranspose2d(in_channels=256, out_channels=256,
            kernel_size=4, stride=2, padding=1)

        self.downsample6 = nn.Conv2d(in_channels=256, out_channels=256, kernel_
            size=3, stride=2, padding=1)
        self.downsample5 = nn.Conv2d(in_channels=256, out_channels=256, kernel_
            size=3, stride=2, padding=1)

        self.loc_layer3 = locLayer(in_channels=256,out_channels=4)
        self.conf_centerness_layer3 = conf_centernessLayer(in_channels=256,
```

```
                out_channels=self.num_classes+1)

        self.loc_layer4 = locLayer(in_channels=256, out_channels=4)
        self.conf_centerness_layer4 = conf_centernessLayer(in_channels=256,
            out_channels=self.num_classes + 1)

        self.loc_layer5 = locLayer(in_channels=256, out_channels=4)
        self.conf_centerness_layer5 = conf_centernessLayer(in_channels=256,
            out_channels=self.num_classes + 1)

        self.loc_layer6 = locLayer(in_channels=256, out_channels=4)
        self.conf_centerness_layer6 = conf_centernessLayer(in_channels=256,
            out_channels=self.num_classes + 1)

        self.loc_layer7 = locLayer(in_channels=256, out_channels=4)
        self.conf_centerness_layer7 = conf_centernessLayer(in_channels=256,
            out_channels=self.num_classes + 1)

        self.init_params()

# 初始化卷积核及归一化参数
def init_params(self):
    for m in self.modules():
        if isinstance(m, nn.Conv2d):
            nn.init.kaiming_normal_(m.weight, mode='fan_out', nonlinearity=
                'relu')
        elif isinstance(m, nn.BatchNorm2d):
            nn.init.constant_(m.weight, 1)
            nn.init.constant_(m.bias, 0)

# 前向推理
def forward(self, x):
    # 构造c3、c4、c5
    x = self.layer1(x)
    c3 =x = self.layer2(x)
    c4 =x = self.layer3(x)
    c5 = x = self.layer4(x)

    # 构造特征金字塔
    p5 = self.lateral5(c5)
    p4 = self.upsample4(p5) + self.lateral4(c4)
    p3 = self.upsample3(p4) + self.lateral3(c3)

    p6 = self.downsample5(p5)
    p7 = self.downsample6(p6)

    # 回归检测框位置locX、目标框所属各个类别的置信度confX和中心因子centernessX
    loc3 = self.loc_layer3(p3)
```

```
conf_centerness3 = self.conf_centerness_layer3(p3)
conf3, centerness3 = conf_centerness3.split([self.num_classes, 1],
    dim=1)


loc4 = self.loc_layer4(p4)
conf_centerness4 = self.conf_centerness_layer4(p4)
conf4, centerness4 = conf_centerness4.split([self.num_classes, 1],
    dim=1)


loc5 = self.loc_layer5(p5)
conf_centerness5 = self.conf_centerness_layer5(p5)
conf5, centerness5 = conf_centerness5.split([self.num_classes, 1],
    dim=1)


loc6 = self.loc_layer6(p6)
conf_centerness6 = self.conf_centerness_layer6(p6)
conf6, centerness6 = conf_centerness6.split([self.num_classes, 1],
    dim=1)


loc7 = self.loc_layer7(p7)
conf_centerness7 = self.conf_centerness_layer7(p7)
conf7, centerness7 = conf_centerness7.split([self.num_classes, 1],
    dim=1)

# 合并各个 head 的预测结果
locs = torch.cat([loc3.permute(0, 2, 3, 1).contiguous().view(loc3.
    size(0), -1),
            loc4.permute(0, 2, 3, 1).contiguous().view(loc4.size(0), -1),
            loc5.permute(0, 2, 3, 1).contiguous().view(loc5.size(0), -1),
            loc6.permute(0, 2, 3, 1).contiguous().view(loc6.size(0), -1),
            loc7.permute(0, 2, 3, 1).contiguous().view(loc7.size(0),
                -1)],dim=1)

confs = torch.cat([conf3.permute(0, 2, 3, 1).contiguous().view(conf3.
    size(0), -1),
                conf4.permute(0, 2, 3, 1).contiguous().view(conf4.
                    size(0), -1),
                conf5.permute(0, 2, 3, 1).contiguous().view(conf5.
                    size(0), -1),
                conf6.permute(0, 2, 3, 1).contiguous().view(conf6.
                    size(0), -1),
                conf7.permute(0, 2, 3, 1).contiguous().view(conf7.
                    size(0), -1),], dim=1)

centernesses = torch.cat([centerness3.permute(0, 2, 3, 1).contiguous().
    view(centerness3.size(0), -1),
                    centerness4.permute(0, 2, 3, 1).contiguous().
                        view(centerness4.size(0), -1),
```

```
                              centerness5.permute(0, 2, 3, 1).contiguous().
                                  view(centerness5.size(0), -1),
                              centerness6.permute(0, 2, 3, 1).contiguous().
                                  view(centerness6.size(0), -1),
                              centerness7.permute(0, 2, 3, 1).contiguous().
                                  view(centerness7.size(0), -1), ], dim=1)

        out = (locs, confs, centernesses)
        return out

if __name__ == '__main__':
    # 构造 FCOS 模型
    model = FCOS()
    print(model)

    # 随机初始化输入图像
    input = torch.randn(1, 3, 800, 1024)
    # 前向推理
    out = model(input)
    print(out[0].shape)
    print(out[1].shape)
    print(out[2].shape)
```

10.4 本章小结

本章介绍了 YOLO、SSD、FCOS 三种一阶段目标检测算法，一阶段算法的精度略低于两阶段算法，但在检测速度上有明显的优势。本章介绍的 3 个方法中，YOLO、SSD 基于锚，通常用于目标尺寸、形态变化不太大的场景，如行人检测、人脸检测等；FCOS 不依赖锚，更适合目标尺寸、形态变化剧烈的场景，比如在工业瑕疵检测场景中，瑕疵的尺寸通常变化很多，小的瑕疵尺寸大多小于 5×5，大的瑕疵尺寸可能大于 100×100，瑕疵的形态也存在很大的差异，这种情况下更适合通过 FCOS 算法来解决问题。

第11章

工业 AI 的发展

从德国工业 4.0 概念开始，工业和信息化结合的情况越来越多，产业界也非常热闹。从智能制造，到中国制造 2025，再到工业互联网，优秀理念层出不穷。但是除个别项目外，真正大范围引起行业变革的技术应用非常少，智能制造在工业圈的落地还不够充分。许多工业人也感到困惑，各路观点听着都不错，但距离落地还有一定的距离。

11.1 工业 AI 的概念和互联网

如今，绝大多数信息化技术、IoT 技术、互联网技术和传统工业结合的应用，都可以说成是智能制造应用。工业 AI 是智能制造中最有落地价值的应用。其中 AI 就是机器代替人的思考的过程和结果。这个定义是工业 AI 的广义定义，有时为了更简洁，把工业 AI 直接当作智能算法在工业上的应用，如图 11-1 所示是工业 AI 的定义。

当下 AI 技术主要是互联网行业牵头和推动的。AlphaGo 战胜人类围棋高手后，人们对 AI 的关注度大大提升。人脸识别、语音识别、自然语言理解等技术，凭借移动互联网的春风刮到了每个人的眼前，给人们的生活创造了更多便利。这背后，以神经网络为代表的机器学习、深度学习技术，以遗传算法为代表的智能搜索技术，为解决各种问题提供了技术支持。

受 To C 型 AI 应用发展的影响，工业领域对 AI 兴趣倍增，经常有人感到智能制造指日可待、工业 AI 前景大好。

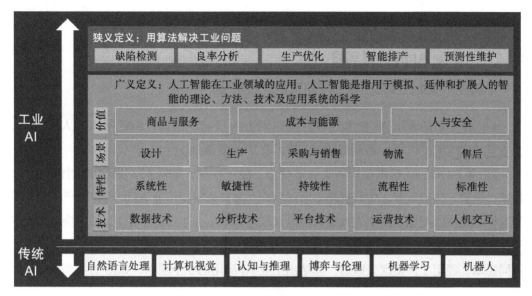

图 11-1　工业 AI 与传统 AI 的比较

笔者认为，虽然互联网推动的几种主要技术（云、IoT、AI）都不可避免地影响着工业领域的发展，但是不同于传统的消费互联网，在工业领域，因为行业碎片化特征，连接的难度会增加、价值会打折扣，所以云和 IoT 对工业的影响没有想象中大。相反，AI 在工业存在应用于广泛场景的可能。与 AI 结合的工业有如下两个特点。

1）碎片化。每个子工业领域都有相当深的专业性需求，都有不同的痛点，可以用智能化的方法解决。关于 AI 应用的场景很多，或者说工业 AI 市场非常广阔、大有前途。但是这个工业 AI 市场的需求不统一、只有部分可复制性，因此这类项目更适合小团队运作，和互联网模式（类似微信）有明显不同。

2）已发展。每个工业的细分领域都是有一定技术积累和经历过发展的，已经形成了各自的领域知识体系，未解决的问题都有一定的难度。AI 代表的互联网技术要想在这些领域取得成功，必须有自身的突破，同时还要有可行的验证。互联网技术不会在工业领域"包治百病"。

11.2　工业 AI 落地应用

目前来看，工业 AI 的发展还处于早期，应用还在发展中，现在做总结也不一定充分。本节介绍工业 AI 落地的典型场景及其背后的本质，并对未来发展进行展望。

11.2.1 工业 AI 的典型场景

下面介绍 2 个已实际落地、应用价值高的领域。

1）第一个是通用 AI 技术迁移并应用到工业领域，比如，园区闸机的人脸识别、工业仪表的 OCR 识别，都是通用 AI 技术在工业的落地。

2）第二个是 AI 技术应用到工业的核心：生产领域。如果把工业分成设计、生产、物流、销售、售后服务，生产就是工业的核心。客户最希望工业 AI 应用在生产环节，因为这样能解决大问题、产生大效益。但是互联网人对工业生产并不了解。此领域的 AI 应用，讲故事的人多，想落地还是有相当大的难度。笔者经过多年实践，了解多种行业的不同需求，经历了许多次失败后，总结出工业 AI 应用的 3 个层面，如图 11-2 所示。

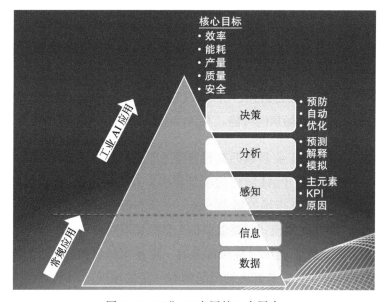

图 11-2　工业 AI 应用的 3 个层次

❑ 第一个层面：感知应用。典型应用是，基于深度学习的机器视觉用于产品外观的质量检测。例如面板、光伏、PCB 的缺陷检测是一个重要的应用领域，但是只适合检测瑕疵类缺陷，这和传统的视觉技术应用还有不同。

❑ 第二个层面：分析应用。典型应用是用机器学习解决生产中的不良根因追溯问题。电子高科技行业的数据量大，经过验证可以用建模的方法找到顽固问题的原因。台积电、中芯国际等企业专门培养了大数据应用部门。

- ❑ 第三个层面：决策应用。典型应用是智能自动排产（APS）。笔者博士就读期间研究的是运筹学优化，做了很多失败的 APS 项目。现在发现面板、PCB、半导体可以做到智能排产了，原因就是 AI 只适合解决封闭场景的问题。

上述工业 AI 落地的例子都是在电子高科技制造业，这和高科技制造业产业规模大、IT 新技术应用广泛、数据集中、生产线自动化和规范化程度高等因素有很大的关系，其中的深层逻辑不展开论述。

11.2.2　工业 AI 落地背后的本质

前面说了工业 AI 的落地例子，同时也存在一些伪命题。容易落地的工业 AI 场景背后的本质如下。

1）所提的问题要封闭，比如下棋问题 AI 可以解决好，但自动驾驶问题用 AI 解决还不成熟。

2）提供的技术要有突破性，比如引入深度学习和成熟的优化技术。工业领域所有遗留下来的待解问题都有一定难度，需要慎重考虑。

3）操作的人要真正理解业务。

11.2.3　展望

工业 AI 场景很多、潜力巨大，尤其电子高科技制造业会是工业 AI 应用的领头羊。技术人以实在的业务需求为对象、重视技术突破落地，一定能将工业 AI 落到实处。中国是世界上最大的工业生产国，也必将是全球工业 AI 应用的主战场，工业技术在快速迭代中，工业 AI 二十年、三十年都不会过时。

11.3　工业生产中的缺陷检测问题

11.3.1　视觉检测系统

视觉检测系统是指用工业相机代替人眼去完成识别、测量、定位等功能。一般视觉检测系统由相机、镜头、光源和相应的识别软件及配合的自动化系统组合而成，

222 第 11 章

可以代替人工完成条码字符、尺寸、零件缺失或表面缺陷等检测。使用视觉检测系统能有效提高生产流水线的检测速度和精度，大大提高产量和质量，降低人工成本，同时防止人工失误产生的误判。

11.3.2　光学识别软件

随着镜头、相机等硬件的成熟与标准化，软件系统在视觉检测中的重要性越来越突出。传统的视觉技术核心来自欧洲，有相应的开源技术，也有商业化软件工具帮助人们提高系统的开发效率。

但是传统的视觉处理软件有一定的局限性，对位置、大小、形状等不固定瑕疵类缺陷不容易很高效地进行识别。而这种有"意识"的识别是 AI 视觉技术的专长，因此 AI 技术逐渐在工业领域获得应用，弥补了已有技术的不足，将技术提升到了新的高度。同时，工业领域场景众多、需求精度较高，笔者相信未来 AI 视觉在工业领域会有非常广阔的前景。

11.3.3　视觉质检典型需求场景

工业的生产种类非常多，许多场景可以采用机器视觉的方法进行缺陷检测。

1. SMT 生产缺陷检测

由封装机封装成型的 SMT 芯片由传送带传送到质检流水线上进行质量缺陷检测。现在，车间普遍采用人工方法检测 SMT 芯片引脚的质量，检测内容包括引脚数目、长与宽、间距、平整度。这种检测方法不仅需要大量的人工参与，并且流水线上的工人要不断重复相同的质检内容，容易造成操作员精神疲劳，产生误判。

2. 钢铁圆坯判级

对于优质碳素结构钢、合金结构钢等圆形连铸坯的横截面进行酸蚀低倍组织缺陷识别。具体检测内容包括中心疏松、中心偏析、缩孔、中心裂纹、翻皮等十几种缺陷类型。需要估计这些缺陷的类型、数量和尺寸，对钢铁圆坯产品等级进行判定。问题是钢铁生产环境较差，实现有一定难度。

3. 汽车发动机外观视觉检测

动力总成系统作为汽车的"心脏"，是车辆生产制造过程中非常关键的环节，其质量把控要求非常严格。视觉检测是重要的质量把控手段，而对这庞大数量的产品进行质量监控绝非易事，具体表现在：产品表面残留物影响；运动结构的定位精度问题；检测节拍要求高，被检测区域大；被检测特征微小，测量精度要求达到 0.03mm 等。

11.4   目标检测在工业中的案例：面板行业 ADC 解决方案

面板是非常重要的基础性工业产品，在手机、电视、平板电脑、导航仪等人机交互电子产品中的应用非常广泛。面板行业是技术先进、投资巨大、迭代非常快的行业，随着消费电子行业的发展成熟，面板行业面临着比较大的竞争压力。在技术方面我国正在从 TFT-LCD 向 OLED-LCD 发展和过渡。

11.4.1   面板行业生产质检的特点

面板行业投资动辄百亿，对先进技术设备的需求非常大。在面板的实际生产中，包括 Array、CF、Cell、Module 等流程。生产设备的自动化程度很高，投资几百亿建设的工厂，仅需数千个员工。这其中人力消耗最集中、人力成本最高、自动化实现难度最大的部分是质检环节。

质检工作的人力消耗大，是因为面板行业的缺陷检测工作很多是与视觉相关的，虽然采用了上百台 AOI 检测设备，仍然不能达到理想的检测水平，存在大量需要质检员二次复判的情况。质检员精力消耗大、培训周期长、工作枯燥、离职率高，已成为工厂的核心痛点之一。

在互联网领域，AI 发展很快。卷积神经网络、目标检测等深度学习技术已经在人脸识别、车辆识别、常见物体检测方面有了很好的实践与应用。工业领域的专家也逐渐把目标检测等先进 AI 技术引入相关领域，代替或部分代替面板质检员进行质检。

11.4.2   ADC 解决方案

1. 算法

利用 AOI 设备产生的图像，进行面板生产视觉检测需要面对的问题如下。

- 图像数量多。
- 检测数量多。
- 产品种类多。
- 图像数量分布不均。
- 瑕疵样本量少。
- 瑕疵差异模糊。

常见的面板缺陷类型为器件缺失、断线、缺陷面积小、细微几何变形等，如图 11-3 所示。

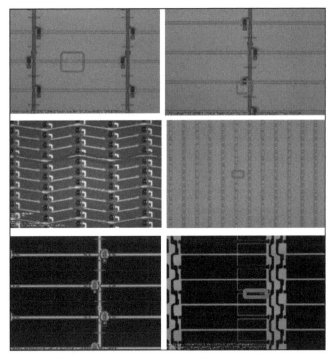

图 11-3　面板典型缺陷

针对这些情况，设计基于深度学习的面板缺陷检测的目标识别应用流程在常规的目标检测技术基础上，进行了算法增强，包括少样本情况下的自动数据增广、应用 AutoEncoder 模型进行图像特征提取和表征识别等。

面板行业的深度学习算法具有如下特点。

- ❑ 模型泛化能力强，多场景适应性好。
- ❑ 框架适应性强，适合处理小样本。
- ❑ 提高对特定缺陷的预警能力。

2. 软件架构

为适应生产的实际特点，结合最新的 IT 技术架构设计的面板 ADC 系统的架构如图 11-4 所示。

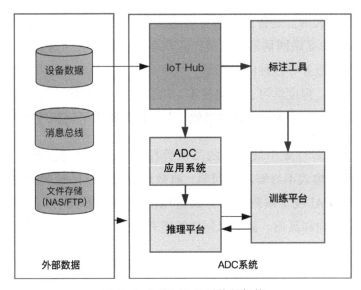

图 11-4　面板 ADC 系统的架构

其中，标注工作进行训练样本标注，通常用像素级标注具体缺陷的轮廓。对于合适的样本可以进行自动标注。训练平台是目标检测模型的主要生产工具，采用预先由算法专家研制的包含目标检测的 Pipeline 进行建模，效率高、结果指标好。推理平台是模型的运行环境，包括一些 API 接口，并支持对 GPU 集群的管理与调度。ADC 系统是集成应用平台，包括模型结果查看、人工复判、历史数据回放等功能。

11.4.3　系统效果与价值总结

本案例中，覆盖 Array、CF、Cell 等 100 余个检测站点，产品种类达数十种。日处理图像数百万张，可以检测出几十种缺陷，检测精度为 95% 以上，可节省人力

70% ～ 80%，综合效益明显。

相比人工，系统计算效率高、稳定性好、可靠性高。系统具备先进的自动训练功能，对于 Patten 基本类似但不同种类的产品，可以自动训练一个高精度、高覆盖率的模型，系统运维工程师可以基于此实现算法专家的工作结果。

11.5 本章小结

中国是制造业大国，是智能制造发展的沃土。工业的产业深度和复杂性造成技术的应用比 To C 的互联网场景慢，但产业众多、空间很大。这其中有设计、生产、物流、销售、售后服务等各种应用场景，生产是工业的核心，也是 AI 应用的攻坚领域。各种机器学习、深度学习、优化技术，结合 5G、物联网、大数据技术，成为解决工业生产问题的利器，为企业降本增效、节能减排提供了创新技术支持。

缺陷检测是许多行业中最重要的品质管控环节，ADC 等系统用目标检测技术有效地解决了传统模式不好解决的问题，有效地解决了缺陷检测过程中高成本、低效率的共性问题。AI 视觉缺陷检测方案适用范围广，能够推广到许多实体制造业中，促进中国制造向高品质、高技术制造转型升级，从而助推中国制造 2025 的成功实现。